Information & Communication

信息与通信创新学术专著

Multi-dimension Multiplexing Optical Network

多维复用光网络

▶ 郁小松 赵永利 张杰 韩佳巍／著

人民邮电出版社

北京

图书在版编目（CIP）数据

多维复用光网络 / 郁小松等著. -- 北京 : 人民邮
电出版社，2020.6
信息与通信创新学术专著
ISBN 978-7-115-51972-6

Ⅰ. ①多… Ⅱ. ①郁… Ⅲ. ①光纤网 Ⅳ.
①TN929.11

中国版本图书馆CIP数据核字(2019)第192129号

内 容 提 要

本书内容涵盖多维复用光网络的概念、系统组成、关键技术等，目的在于帮助读者能够更好地学习和掌握多维复用光网络的原理与技术。全书共分为 8 章：第 1 章为绪论，主要介绍光纤通信的发展并对多种复用技术进行简要概述；第 2~4 章分别详细介绍光纤通信系统中的复用技术，其中，第 2 章介绍波分复用的原理及关键技术，第 3 章介绍光时分复用的原理及关键技术，第 4 章介绍空分复用的原理及关键技术，第 5~8 章分别详细介绍多维复用光网络的原理及关键技术，其中，第 5 章主要介绍多维复用光网络的交换及组网技术，第 6 章主要介绍多维复用光网络的路由与频谱分配技术，第 7 章主要介绍多维复用光网络的频谱重构技术，第 8 章主要介绍多维复用光网络的虚拟化及映射技术。

本书的适用对象主要是从事光网络研究的工程技术人员以及高校相关专业的研究生和教师。

- ◆ 著　　　　郁小松　赵永利　张　杰　韩佳巍
  责任编辑　代晓丽
  责任印制　彭志环
- ◆ 人民邮电出版社出版发行　　北京市丰台区成寿寺路 11 号
  邮编　100164　电子邮件　315@ptpress.com.cn
  网址　https://www.ptpress.com.cn
  大厂聚鑫印刷有限责任公司印刷
- ◆ 开本：700×1000　1/16
  印张：13.5　　　　　　　　2020 年 6 月第 1 版
  字数：265 千字　　　　　　2020 年 6 月河北第 1 次印刷

定价：118.00 元

读者服务热线：**(010)81055493**　印装质量热线：**(010)81055316**
反盗版热线：**(010)81055315**
广告经营许可证：京东工商广登字 20170147 号

前　言

　　随着云计算、大数据、高清视频等高带宽互联网应用的快速发展，全球 IP 数据量与日俱增，光网络的超大容量需求逐渐凸显。一方面，传统波长路由固定带宽分配，导致光网络灵活性差、频谱资源利用率低；另一方面，光纤链路单芯传输容量几乎到达香农极限，仅仅依靠频域维度已经无法满足与日俱增的容量需求，具备频域、时域和空域等多维复用特征的光网络成为未来发展的必然趋势。

　　多维复用光网络是指从频率维度、时间维度和空间维度将波分复用、时分复用及空分复用等多种复用技术结合在一起，以进一步提高通信系统容量的光网络。多维复用技术是国内外通信领域的研究热点和普遍关注的发展方向，对提高光网络传输容量有极大的研究意义。就目前来讲，频域、时域及空域的结合仅涉及单纯的点到点传输，只实现了光纤链路容量的增加，并未从根本上解决光网络整体扩容的迫切需求。未来面向时空频一体化光网络的部署应用，还面临着如何实现多维光交换节点，如何实现多维光网络资源高效管控等问题。本书将针对上述问题做详细介绍，特别将多维复用光网络中的路由与频谱分配技术、频谱重构技术、资源虚拟化及映射技术等作为重点，旨在全面阐述多维复用光网络的概念、原理及涉及的关键技术。

　　本书凝聚了作者所在单位多年来的科研经验和实践总结，得到了国家自然科学基金项目"面向时空频一体化的多维光交换节点构建方法与控制机理研究"、国家自然科学基金优秀青年项目"弹性光网络"等科研项目的支持，同时也包含了实验室王颖、陈伯文、张佳玮、朱睿杰、李亚杰、张凯等博士和李惠、时准、胡李亚洲、程丽洁、李子勤等硕士在攻读学位期间的部分研究成果，在此一并表示感谢。同时也感谢实验室王艳、董凯、邹兴裕、孟祥宇、李书锋、王雨慧、刘翔、陈文征、王妍等在校硕士的整理与校对。

  由于作者水平有限，书中难免有错误或者不周之处，敬请广大读者批评指正。

作 者

2019 年 4 月 30 日于北京

目 录

第1章

绪　论

🔍 1.1　光纤通信发展概述

　　光纤通信是一种利用光和光纤传递信息的方式，其用光波承载信息、用光纤作为传输介质。20 世纪 70 年代末，光纤通信系统开始登上历史的舞台，渐渐代替了使用铜缆作为传输介质的传统通信系统。自从 1977 年光纤传输系统被首次提出后，光纤通信技术一直以来的追求与目标就是更大的信息传输容量和更长的信息传输距离[1-4]。随着技术的发展，光纤通信系统的传输距离已经从几千千米逐渐增加到了上万千米，在商用光纤通信系统中，单根光纤的传输容量也已经从 45 Mbit/s 增加到 8.8 Tbit/s。同时，光纤通信系统的发展必然离不开各种器件、子系统和系统技术的一系列重大突破。光纤通信系统的发展趋势[5]如图 1-1 所示。

　　20 世纪 70 年代末，第一代商用光纤通信系统出现，器件上使用了 0.8 μm 的砷化镓半导体激光器和多模光纤（Multi-Mode Fiber，MMF）。其传输容量仅有 45 Mbit/s，并且传输距离很短，每隔 10 km 就需要放置一个放大器。随着磷砷化镓铟半导体激光器/探测器的突破与制造，以及攻克了单模光纤制造的技术难题，第二代光纤通信系统应运而生。单模光纤衰减更低且色散更小，通信波长为 1.3 μm。1981 年，YAMADA 等在 44 km 的单模光纤中实现信号的传输速率达到 2 Gbit/s[6]。但是，单模光纤在波长 1.3 μm 处的传输损耗（0.5 dB/km）限制了第二代光纤通信系统的传输距离。为此，1979 年，研究人员成功研制出工作在 1.55 μm 波长处损耗为 0.2 dB/km 的具有更低传输损耗的单模光纤[7]。

　　然而，当工作波长为 1.55 μm 时，色散对系统的信号传输带来的影响也是一个不可忽视的重要问题。因此，第三代光纤通信系统针对色散对信号的传输带来的影响，提出了两种解决方案：① 使用色散位移光纤使 1.55 μm 附近波长的色散尽可能小；② 通过使用单纵模分布反馈（Distributed Feedback Laser，DFB）激光器降低频谱宽度。1985 年，GNAUCK 等在距离为 100 km 的单模光纤中使信号的传输速率达到了 4 Gbit/s[8]。1990 年，商用第三代光纤通信系统中继器间的距离已经增加到 60～70 km，达到了 2.5 Gbit/s 的工作速率，最高可以达到 10 Gbit/s 的信号传输[9]。

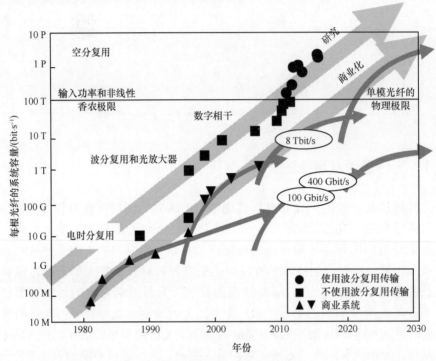

图 1-1　光纤通信系统发展趋势

为了使传输距离更长更远，并降低光-电-光中继器的成本，在 20 世纪 80 年代末，相干光传输技术被提出，其在光纤通信系统中有很大的应用前景[10]。但是，1989 年出现的掺铒光纤放大器（Erbium-Doped Fiber Amplifier，EDFA）更引起了研究人员的兴趣。

在第四代光纤通信系统中，全光放大器以及波分复用技术得以应用。全光放大器的使用使光纤链路中光-电-光中继器之间的间隔距离更长，波分复用（Wavelength-Division Multiplexing，WDM）技术的应用提高了光纤通信系统的总传输容量。波分复用技术和掺铒光纤放大器技术的结合为光纤通信带来了巨大变革[11-12]。从 20 世纪 90 年代末至 21 世纪初，陆陆续续提出了许多提升光纤通信系统容量的方案。

在波分复用系统中为容纳更多的信道，提升系统容量，有两种方式：① 可以通过降低波长间隔提高频谱利用率，② 开发带宽更大的放大器以获得更多频谱资源。此外，加大波分复用信号中每个波长信道数据速率也能达到系统容量提升的目的。值得注意的是，提高波长信道数据速率的同时，光纤通信系统需要性能更好的光器件以及更严格的控制[13]。2000 年，研究人员实验展示了使用信号速率为 40 Gbit/s 的 82 个波长信道，传输距离达到了 3 km 的波分复用光纤通信系统，其总的传输速率达到 3.28 Tbit/s。至 2000 年年底，通过实验实现的波分复用传输系统容量大幅度提升，可以达到 11 Tbit/s[14]。

　　然而，光纤系统的容量并不是无穷大的，数十年前的信息理论研究所预测的传输极限已经在现阶段逐步靠近[15]。截至 2016 年，通过时分、波分、偏分复用以及其有机融合，结合支持自由调制选取的网络结构，光纤的传输能力已达到每纤 100 Tbit/s，而这一数字正在不断逼近传输速率的香农极限[16]。因此，只有通过探索新的维度，才有可能进一步提高光纤通信系统的传输能力。

🔍 1.2　光纤通信系统

　　光纤通信系统既可以传输数字信号，也可以传输模拟信号。用户要传输的信息一般有数据、话音、多媒体信息、图片等。最基础的光纤通信系统由信息源、光发送端、光学信道和光接收端组成。如图 1-2 所示，用户发送的信息通过信息源转变成电信号，也可称为基带信号。基带信号通过电发射机转变成适合在信道中进行传输的信号，在这个过程中，如果信号需要进行调制，那么电发射机输出的信号就称为已调信号。接着信号输入到光发射机后由光载波进行传输，光载波经过光纤线路传输到接收端。然后通过光接收机进行电光转换，把光信号还原成电信号。电接收机把接收的电信号转换成基带信号，最后由信息宿将用户信息恢复出来。

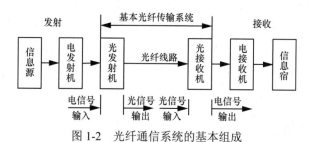

图 1-2　光纤通信系统的基本组成

（1）光纤通信的优点

光纤通信的优点表现在以下几个方面。

① 频带宽、通信容量大。通信容量大是光纤通信技术的主要优势，其传输宽

度较大，使容纳、传输的信息较多，可提高信息传输的效率。

② 信息传输损耗低、传递距离长。光纤信息主要的输出工具是一种光学纤维钢丝，该技术不受输出距离长短影响，不仅可以保证信息长距离传输，还可以保证信息传输过程中的完整性，以减少信息遭受环境误差等因素影响。此外，我国光纤材质多使用石英，其传输波长范围较宽，可从近紫外到近红外。

③ 抗电磁干扰能力强。我国一般使用石英制作光纤，其绝缘性好，可有效避免信息传输遭受电磁干扰的影响，从而保证信息传输的安全性。

④ 原材料丰富。目前光纤的主要成分是石英，即二氧化硅。二氧化硅在地球上资源丰富，取材难度小。

⑤ 重量轻、体积小。光纤的芯径非常小，仅约为 0.1 mm。重量轻、体积小的优点使得它在通信领域具有重要的价值。

⑥ 泄露小、保密性好。信号是通过光波进行的，信号完全被包裹在光波导的结构中，因此倘若有泄露的射线，也都会被光纤线外的包皮吸收，很少会出现光波泄露的现象。

（2）光纤通信的应用

光纤通信技术在通信、广播电视网与互联网等多个行业都得到了广泛的应用，可以说光纤通信已经深入我们生活的方方面面。以下简要举例说明光纤通信在一些行业中的应用。

① 在通信方面的应用。光纤通信技术在通信方面扮演者极其重要的角色。目前，光纤通信技术作为通信技术中的领先技术，不断推动着整个通信行业的发展。

② 在传媒行业的应用。由于光纤具有损耗低的优点，利用光纤进行信号传输得到的信号性能更好。在传媒行业，传输的信号主要是音频、视频、图像以及文字等，它们对信号的稳定性以及传输速度等要求很高，而光纤技术损耗低的优点可以满足传媒行业信息高质量的要求。

③ 在互联网中的应用。通过光纤通信系统传输的信号失真度较小，并且信号传输耗时也有所减少，能够满足互联网对信息传输更快、更清晰的要求。

④ 在军事中的应用。当代战争的主要方式是打信息化战，光纤通信系统在信息传输的过程中安全性比较高，符合军事保密的要求。

🔍 1.3　光纤通信复用技术

在通信系统中，复用技术是可以充分利用传输线信道容量的多维通信方法，它先合并从不同信息源得到的消息，接着把合并的信息通过一个设备进行传输，消息到达接收端后，再由接收端把合并的消息分开并分别重现。因此，简单来说，复用实质上是一种起着多通道作用的信息传输方式。在光通信系统中，为提高光纤频带的利用率，复用技术是一种很好的解决方案。

1.3.1 波分复用技术

波分复用是将两种或多种不同波长的光载波信号（携带各种信息）在发送端经复用器（亦称合波器）汇合在一起，并耦合到同一根光纤线路中进行传输的技术[17-20]，其原理如图 1-3 所示。在接收端，经解复用器（亦称分波器或称去复用器）把不同波长的载波分离开来，由光接收机恢复原信号。这种在同一根光纤中同时传输两个或众多不同波长光信号的技术，称为波分复用技术。

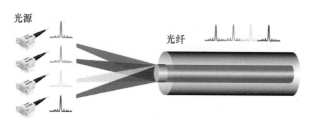

图 1-3　波分复用原理

WDM 本质上是光域上的频分复用技术。每个波长通路通过频域的分割实现每个波长通路占用一段光纤的带宽。

（1）波分复用技术

通信系统的设计不同，每个波长之间的间隔宽度也有不同。按照通道间隔的不同，WDM 可以细分为稀疏波分复用（Coarse Wave Division Multiplexing，CWDM）和密集波分复用（Dense Wavelength Division Multiplexing，DWDM）。CWDM 的信道间隔为 20 nm，而 DWDM 的信道间隔为 0.2～1.2 nm，所以相对于 DWDM，CWDM 称为稀疏波分复用。

CWDM 和 DWDM 的区别主要有两点：一是 CWDM 载波通道间距较宽，因此，一根光纤上只能复用 2～16 个波长的光信号；二是 CWDM 调制激光采用非冷却激光，而 DWDM 采用的是冷却激光。冷却激光采用温度调谐，非冷却激光采用电子调谐。温度调谐实现起来难度很大，成本也很高。CWDM 避开了这一难点，因而大幅降低了成本。

（2）WDM 功能特点

WDM 技术之所以在近几年得到迅猛发展是因为它具有以下优点。

① 传输容量大，可节约光纤资源。对单波长光纤系统而言，收发一个信号需要使用一对光纤，而对于 WDM 系统，不管有多少个信号，整个复用系统只需要一对光纤。

② 可以传输不同类型的信号并能对其进行合成和分解。

③ 扩容方便,通过更换终端机和增加一个附加光波长就可以引入任意新业务或扩充容量。

④ 组建动态可重构的光网络,在网络节点使用一些器件和设备可以组成高灵活性、高可靠性、高生存性的全光网络。

1.3.2 光时分复用技术

光时分复用(Optical Time Division Multiplexing,OTDM)是用多路电信号调制具有同一个光频的不同光信号,再将这些光信号复用后,在同一根光纤介质中传输的技术[21-25]。在传输系统中,发送端的作用是在时域中把多个数据流复用在一起,接收端的作用是通过对复用信号进行光学处理把多个数据流分解出来,这是一种构成高比特率传输的有效方法。

实现光时分复用系统有两种方式,一是基于比特间插的复用方式,二是基于分组间插的复用方式。比特间插 OTDM 系统与 WDM 系统相似,都是将很大的光纤带宽进行分割形成许许多多的小带宽信道。另外,频谱资源的中心管理和当前的电交换技术使得边缘用户无法直接获得网络的带宽资源。而在分组OTDM 系统中,时间被分割成以数十万比特为单位的时间片断,数据流可以在接入点以突发方式高速接入,因此从流量和时延两个方面看,多用户流量统计复用之后可以获得更好的网络性能。因此,分组 OTDM 网络是实现全光分组交换的最终技术选择,但目前业界主要还处在对比特间插的 OTDM 系统进行研究的阶段。

OTDM 系统的关键技术主要包括:超短光脉冲生成技术、光时分复用/解复用技术、光时分交换、光时钟提取与同步技术。

1.3.3 空分复用技术

尽管对光纤中的时域和频域资源的研究与探索已经实现了容量的增长,但这种容量的提升并不是无穷的。在这种背景下,亟须在光纤通信系统中采用新的复用维度以实现信道容量的有效增长。多芯光纤传输、少模光纤传输、轨道角动量模式复用等多种空域维度复用技术成为继单模光纤时代后进一步挖掘光纤容量的有效方式。

作为一种新的复用技术,空分复用(Space Division Multiplexing,SDM)技术利用空间的分割实现光纤维度的复用,被认为是突破单模光纤传输容量极限,满足未来大容量高速率光纤系统需求的一个必然趋势[26]。空分复用技术以多芯光纤(Multicore Fiber,MCF)、少模光纤(Few-Mode Fiber,FMF)以及少模–多芯光纤(Few- Mode-Multicore Fiber,FM-MCF)为主要的实现方式,可在不增加光缆铺设面积时提高光纤通信的容量。

相比传统的单模光纤，空分复用光纤的传输系统略有不同，光信号在不同的芯子中独立传输如图 1-4（a）所示。而对于少模光纤传输系统，则需要在发射端和接收端增加模式复用器/解复用器，将信息加载到不同的模式如图 1-4（b）所示。

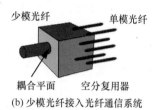

(a) 多芯光纤接入光纤通信系统　　　　(b) 少模光纤接入光纤通信系统

图 1-4　光纤传输系统

SDM 有多种实现方案。其中，多芯光纤传输是指在一个共同的包层区存在多根纤芯，通过大幅度提高单位面积的信息传输密度，进一步增加可以并行接入的信息；少模光纤传输是指在给定的工作波长上，在一根纤芯中传输若干种模式的光信号，通过使用模式选择复用器或滤波器，激发出基模之外的高阶模，形成若干相互独立的空间传输信道；轨道角动量模式复用是指以光子轨道角动量作为信息传输载体，利用轨道角动量光束的阶数可以是任意整数以及模式之间的正交特性，对轨道角动量模式实施复用，以扩充信道传输容量并提升频谱利用率。

然而，在实际网络中，光信号在多芯光纤和少模光纤中进行传输时会受到芯间串扰和模间串扰的物理限制。以 MCF 而言，通过限定物理层面上不同的单模芯实现路径可区分，限制其芯间串扰最简单的方法是通过确保光纤中纤芯具有良好的分离性。对 FMF 而言，其以模分复用（Mode Division Multiplexing，MDM）方式进行传输，其中不同的路径具有显著的空间重叠，导致信号在传播时发生模式之间耦合。信号在这些模式中传输时，通常会表现出差分模式群时延（Differential Mode Group Delay，DMGD）以及模式相关损耗和增益。作为模式耦合和 DMGD 的结果，发射到特定模式中的给定数据符号的能量会扩展到相邻符号时隙中，从而降低其携带信息的成功接收率，这种现象通常被称为模间串扰。

不管采用哪种方式，空分复用技术的核心都是通过增加并行传输系统来提高传输容量。随着目前复用/解复用器、模式转换器和模式放大器等关键子系统器件和单元的出现，长距离空分复用传输已成为可能，是实现超大容量、超长距离、高频谱效率光纤传输最具潜力的实现方式之一，具有广阔的应用前景和发展空间。

1.3.4 多维复用技术

随着数据传输量的急剧增加，目前网络传输容量将很快达到极限，光通信复用技术中时间和频率维度已开发殆尽，研究者正在尝试通过引入多芯光纤和多模光纤来探索空间维度复用的可能性，从而解决即将到来的容量瓶颈。

空分复用技术进一步提高了光通信系统容量，未来的光网络势必朝着时域/频域/空域多维一体化的方向发展。然而，目前来讲，空域和时域/频域的结合只涉及单纯的点到点传输，仅实现了链路容量的增加，并未从根本上满足网络整体扩容的迫切需求。因此，未来面向时空频一体化光网络的部署应用，还面临着多维光交换节点如何实现的根本性问题。

多维复用即将波分复用、时分复用、空分复用等多种技术结合在一起，从时间维度、频率维度、相位维度、振幅维度、偏振维度和空间维度等多方面，进一步提高通信系统容量的技术，其具有以下特性。

（1）传统光网络约束限制条件

在无波长交换能力的波分复用光网络中，路由与波长分配（Routing and Wavelength Allocation，RWA）计算需遵循波长一致性约束条件，即对于光路连接请求，沿着从源节点到宿节点的路径为多条链路分配同一波长资源[27-28]。自演进到弹性光网络，RWA演变成了路由与频谱分配（Routing and Spectrum Allocation，RSA），约束限制条件也增加到了3个：① 频谱连续性约束限制条件，即沿着路由上的每条链路分配相同的频谱资源；② 频谱邻接性约束限制条件，即为每个光路连接请求分配连续的频谱隙；③ 频谱冲突性约束限制条件，即每个光路连接请求在频谱资源上所占用的带宽必须不冲突且隔离。假设业务所占用带宽中包含足够宽的保护带宽，可选择性地只考虑频谱连续性和频谱邻接性双重约束。

（2）多维光网络物理交换结构

基于频域与空域结合的多维光网络中各个纤芯的频谱隙是最重要的网络资源。频谱隙作为光网络中最重要的资源和带宽基本单元，严格遵循着频谱邻接性约束限制条件。因此，端到端服务必须沿着路径使用相同的频谱隙资源。同时，该服务可以由同一纤芯内的多个频谱隙承载，这些频谱隙在频域中必须是严格连续的，称为频谱连续性约束限制条件。每个纤芯应采用正交频分复用技术来提高频谱效率。在光纤交换结构中可以实现光纤、纤芯和频谱的自由切换功能，允许不同信道灵活地添加、丢弃和切换，其粒度可低至波长级别。在交换结构中，不同纤芯之间可以实现不同频谱隙的切换，但它们必须遵循频谱连续性约束限制条件，这意味着信号可以在保持相同频谱的同时自由地从一纤芯交换到另一纤芯，实际上频谱连续性约束从某种程度来说被这种自由芯间交换的特性弱化了。

（3）多维光网络物理串扰约束

多维光网络中存在一个特有的物理约束限制，被称为芯间串扰。芯间串扰指相邻纤芯之间可能会发生信号干扰，从而严重影响传输过程中的信号质量，导致良好的容量优势难以与长距离传输相互融合。为了减少串扰并实现紧密的纤芯排列，研究学者提出了一种沟槽辅助型多芯光纤，这种物理结构能够极大地削弱芯间串扰，优化光纤的传输性能参数[29]。

随着串扰问题的引入，路由与频谱分配演变为路由、纤芯与频谱分配（Routing, Core and Spectrum Allocation，RCSA），路由分配算法变得更加复杂。当相同的光谱切片在相邻的纤芯上重叠时，将产生芯间串扰，然而不同光谱切片或非相邻纤芯之间的串扰影响很小，可忽略不计。相邻纤芯之间的串扰会严重影响传播过程中的信号质量，因此在 RCSA 过程中必须严格考虑串扰因素，即进行串扰感知 RCSA（Crosstalk-Aware RCSA，CA-RCSA）。需要注意的是，串扰检查是一个复杂的过程，当要配置所请求的光路时，新光路与其他已经提供的光路之间的芯间串扰应满足预定义的串扰门限数值，因为新光路引起的额外串扰可能会使配置光路的信号质量变差[30-33]。在具有芯间串扰的多芯光纤中，由于强有力物理串扰约束，频谱碎片状态更为复杂多样，为有效避免碎片大量产生，在 RCSA 算法中引入串扰感知模型十分必要和关键。

本书所描述的多维复用光网络，从现实情况出发，重点放在空域与频域相结合的多维复用光网络。在多维网络资源分配过程中，传统光网络的路由频谱分配问题被扩展为空分复用光网络的路由、纤芯和频谱分配问题。此外，在进行资源分配时，随着业务的建立与拆除，很容易产生资源碎片，如何更好更合理地进行多维网络资源分配，降低资源碎片也是一个重要问题。

🔍 1.4　本章小结

近年来，光纤通信系统作为信息的承载主体，其承载能力不断增强。在光纤通信系统中，不同维度资源可得到不同程度的挖掘与利用，从而形成不同的复用技术。本章首先介绍了光纤通信的发展历程及未来趋势，然后给出了光纤通信系统的基本组成，并简述了光纤通信系统的优点及其在各行业中的应用。同时，针对光纤通信系统中的多种复用技术——波分复用、时分复用、空分复用以及多维复用进行了简要介绍。总之，针对未来信息网络的超大带宽需求，光网络势必朝着时域、频域、空域等多维一体化复用的方向发展。

参 考 文 献

[1] ALWAYN V. Optical network design and implementation[M]. San Francisco: Cisco Press, 2004.

[2] ZHOU X, NELSON L E, MAGILL P, et al. 12 000 km transmission of 100 GHz spaced, 8×495 Gbit/s PDM time-domain hybrid QPSK-8QAM signals[C]//OFC 2013. Piscataway: IEEE Press, 2013: 1-3.

[3] AGRAVAL G P. Fiber-optic communication systems[M]. New York: Wiley Interscience, 2002.

[4] CAI J X, CAI Y, DAVIDSON C, et al. Transmission of 96x 100 G pre-filtered PDM-RZ-QPSK channels with 300% spectral efficiency over 10 608 km and 400% spectral efficiency over 4368km[C]//OFC 2010. Piscataway: IEEE Press, 2010: 1-3.

[5] MIZUNO T, MIYAMOTO Y. High-capacity dense space division multiplexing transmission[J]. Optical Fiber Technology, 2017, 35: 108-117.

[6] YAMADA J I, MACHIDA S, KIMURA T. 2 Gbit/s optical transmission experiments at 1.3 μm with 44 km single-mode fibre[J]. Electronics Letters, 1981, 17(13): 479.

[7] MIYA T, TERUNUMA Y, HOSAKA T, et al. Ultimate low-loss single-mode fiber at 1.55[J]. Electronics Letters, 1979, 15(4): 106-108.

[8] GNAUCK A, KASPER B, LINKE R, et al. 4 Gbit/s transmission over 103 km of optical fiber using a novel electronic multiplexer/demultiplexer[J]. Journal of Lightwave Technology, 1985, 3(5): 1032-1035.

[9] MOHRDIEK S, BURKHARD H, STEINHAGEN F, et al. 10 Gbit/s standard fiber transmission using directly modulated 1.55μm quantum-well DFB lasers[J]. IEEE Photonics Technology Letters, 1995, 7(11): 1357-1359.

[10] LINKE R A, GNAUCK A H. High-capacity coherent lightwave systems[J]. Journal of Lightwave Technology, 1988, 6(11): 1750-1769.

[11] BERGANO N S, ASPELL J, DAVIDSON C R, et al. Bit error rate measurements of 14 000 km 5 Gbit/s fibre-amplifier transmission system using circulating loop[J]. Electronics Letters, 2002, 27(21): 1889-1890.

[12] YAMAMOTO H, OTANI T, WAKABAYASHI H, et al. 5.3 Gbit/s 11 300 km data transmission using actual submarine cables and repeaters[J]. Electronics Letters, 1995, 31(5): 380-381.

[13] GNAUCK A H, TKACH R W, CHRAPLYVY A R, et al. High-capacity optical transmission systems[J]. Journal of Lightwave Technology, 2008, 26(9): 1032-1045.

[14] FUKUCHI K, KASAMATSU T, MORIE M, et al. 10.92 Tbit/s (273×40 Gbit/s) triple-band/ ultra-dense WDM optical-repeatered transmission experiment[C]//OFC 2001. Piscataway: IEEE Press, 2001: P024.

[15] JINNO M. Distance-adaptive spectrum resource allocation in spectrum-sliced elastic optical path network (SLICE)[J]. IEEE Communications Magazine, 2010, 48(8): 138-145.

[16] TAKAGI T, HASEGAWA H, SATO K, et al. Dynamic routing and frequency slot assignment for elastic optical path networks that adopt distance adaptive modulation[C]//OFC 2001. Piscataway: IEEE Press, 2011: 1-3.

[17] Cisco White Paper. cisco visual networking index- forecast and methodology[R]. 2007-2012.

[18] BRACKETT C A. Dense wavelength division multiplexing networks: principles and applications[J]. IEEE Journal on Selected Areas in Communications, 1990, 8(6): 948-964.

[19] JINNO M, TAKARA H, KOZICKI B, et al. Demonstration of novel spectrum-efficient elastic optical path network with per-channel variable capacity of 40 Gbit/s to over 400 Gbit/s[C]// ECOC 2008. Piscataway: IEEE Press, 2008: 1-2.

[20] JINNO M, TAKARA H , KOZICHI B. Concept and enabling technologies of spectrum-sliced elastic optical path network (SLICE)[C]//OSA/ACP 2009. Piscataway: IEEE Press, 2009: F02.

[21] WEBER H G, LUDWIG R, FERBER S, et al. Ultrahigh-speed OTDM-transmission technology[J]. Journal of Lightwave Technology, 2006, 24(12): 4616-4627.

[22] YAO S, MUKHERJEE B, DIXIT S. Advances in photonic packet switching: an overview[J]. IEEE Communications Magazine, 2000, 38(2): 84-94.

[23] GUILLEMOT C, RENAUD M, GAMBINI P, et al. Transparent optical packet switching: The European ACTS KEOPS project approach[J]. Journal of Lightwave Technology, 1998, 16(12): 2117-2134.

[24] CHAN V W S. Optical flow switching networks[J]. Proceeding of the IEEE, 2012, 100(5): 1079-1091.

[25] RAMASWAMI R, SIVARAJAN K N. Routing and wavelength assignment in all-optical networks[J]. IEEE/ACM Transactions on Networking (TON), 1995, 3(5): 489-500.

[26] ESSIAMBRE R J, RYF R, FONTAINE N K, et al. Breakthroughs in Photonics 2012: Space-division multiplexing in multimode and multicore fibers for high-capacity optical communication[J]. IEEE Photonics Journal, 2013, 5(2).

[27] PAOLUCCI G A, CUGINI F, VALCAREBGHI F, et al. Routing and wavelength assignment in PCE-based wavelength switched optical networks[C]//ECOC 2008. Piscataway: IEEE Press, 2008: 1-2.

[28] PATEL A, JI P N, JUE J P, et al. Optimal defragmentation of the transparent flexible optical WDM (FWDM) networks[Z]. Tech Report no. UTDCS-30-10.

[29] TU J, SAITOH K, KOSHIBA M, et al. Design and analysis of large-effective-area heterogeneous trench-assisted multi-core fiber[J]. Optics Express, 2012, 20(14): 15157-15170.

[30] ZHAO Y, HAN J, TAN Y, et al. Mode and wavelength allocation in multi-dimensional optical networks[C]//Asia Communications and Photonics Conference, Optical Society of America.

Piscataway: IEEE Press, 2014: 142.

[31] FUJII S, HIROTA Y, TODE H, et al. On-demand spectrum and core allocation for reducing crosstalk in multicore fibers in elastic optical networks[J]. Journal of Optical Communications and Networking, 2014, 6(12): 1059-1071.

[32] MUHAMMAD A, ZERVAS G, FORCHHEIMER R. Resource allocation for space-division multiplexing: optical white box versus optical black box networking[J]. Journal of Lightwave Technology, 2015, 33(23): 4928-4941.

[33] TODE H, HIROTA Y. Routing, spectrum and core assignment on SDM optical networks[C]// 2016 Optical Fiber Communications Conference and Exhibition (OFC). Piscataway: IEEE Press, 2016: 1-3.

第 2 章

波分复用技术

波分复用（WDM）是将两种或多种不同波长的光载波信号在发送端经复用器汇合在一起，并耦合到光传输线路的同一根光纤中进行传输的技术。本章将首先介绍波分复用的基本原理以及波分复用系统组成。在波分复用系统中，可根据频谱粒度的大小将其分成固定栅格光网络和灵活栅格光网络。因此，在后续小节中，将分别针对固定栅格及灵活栅格介绍其相应的关键技术。

2.1 波分复用基本原理

WDM 本质上是光域上的频分复用（Frequency Division Multiplexing，FDM）技术[1-4]，它通过在频域上对频谱进行分割完成波长通道的划分。WDM 系统采用的波长是特定的标准波长。通信系统的设计不同，每个波长之间的间隔宽度也不同。按照通道间隔的大小，WDM 可以细分为密集波分复用（DWDM）[5-8]和稀疏波分复用（CWDM）[9-11]。在 CWDM 通信系统中，信道间的间隔为 20 nm，而 DWDM 通信系统信道间的间隔为 0.2～1.2 nm。

2.1.1 密集波分复用

所谓密集，是相对于相邻两个波长之间的间隔而言的。过去 WDM 系统的波长间隔为几十纳米，现在的波长间隔只有 0.2～1.2 nm，其频谱分配如图 2-1 所示。DWDM 技术其实是波分复用的一种具体表现形式，一般情况下 WDM 系统指的就是 DWDM 系统。

在光波分复用传输系统中用到的设备多种多样，且每个设备模块的实现方法各有不同，在实际应用中，设备的选择应按照实际情况和系统性能的侧重点进行选择。总体上，DWDM 系统具备 5 个基本部分：光发送/接收器、波分复用器、光放大器、光监控信道和光纤。

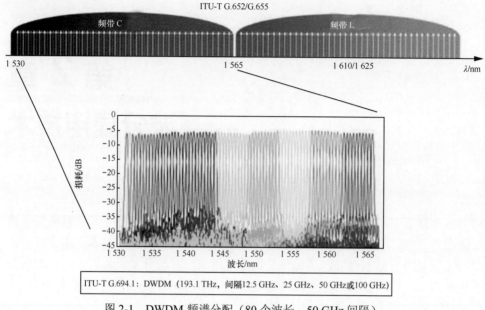

图 2-1　DWDM 频谱分配（80 个波长，50 GHz 间隔）

光纤的非线性效应是影响 DWDM 系统性能的一大原因，其与光功率密度、信道间隔和光纤的色散等因素密不可分；光纤的非线性效应与光功率密度正相关、与信道间隔负相关；然而光纤的色散与光纤的非线性效应关系较复杂。随着 DWDM 技术的发展，光纤能够传输的信道数目急剧增加，信道之间的间距更加密集，传输功率也有所提高，但是，不容忽视的是，光纤的非线性效应对 DWDM 传输系统性能的影响也越来越突出。

DWDM 使用的光源波长范围一定要宽，且光谱宽度应越窄越好。此外，每个信道波长以及波长之间的间隔应高度稳定。正因为这样，在 DWDM 系统中使用的激光光源，大多是量子阱分布反馈激光器。

2.1.2　稀疏波分复用

DWDM 因其较高的性能和资源利用率，成为当今光纤应用领域的首选，然而其价格昂贵，令不少运营商望而生畏，CWDM 应运而生。CWDM 和 DWDM 的区别主要有两点：一是 CWDM 载波通道较为稀疏，一根光纤上只可满足 2～16 个波长信号的复用，其频谱分配如图 2-2 所示；二是作为调制激光，DWDM 采用的是冷却激光，CWDM 则使用的是非冷却激光。前者采用温度调谐，而后者采用电子调谐。CWDM 避开了在较宽波长段内很难进行温度调谐这一难点，极大降低了系统成本，甚至可以降到 DWDM 系统的 30%以下。

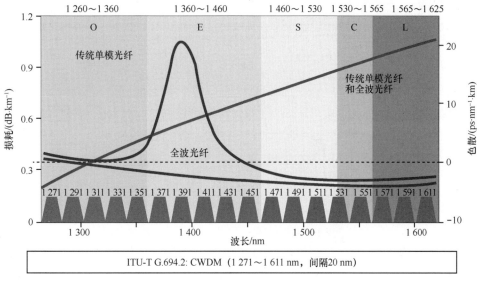

图 2-2　CWDM 频谱分配

与 DWDM 类似，CWDM 也采用了波分复用技术，在发射端利用复用器将多个光纤中的不同波长复用到一根光纤中传输。在接收端，利用解复用器将波长分开到不同光纤中。因为 CWDM 低成本、高接入带宽的特点，所以其更适用于以太网、点对点、SONET 环等网络结构，如大楼内或大楼之间的网络通信。

CWDM 在降低成本的同时，不可避免地对性能造成一定的影响。总体而言，目前 CWDM 不足之处可以归纳为 3 点：① 单纤复用波长数目少，难以扩容；② 在城域网环境下，节点间距离短，运营商可能会优先选择埋设更多光缆，而不是改用 CWDM；③ 在发射机和接收机上不只是 DWDM 设备的简化，而是新设备的研制以进一步降低费用。

2.2　波分复用系统组成

波分复用系统主要由 5 部分组成：光发射机、光放大器、光接收机、光监控通道和网络管理系统如图 2-3 所示。

（1）光发射/接收机

光发射/接收机分别负责发射/接收光信号。该系统对光源的要求极高，波长稳定性要求和功率稳定性要求是该模块最基本的两个要求。WDM 系统对波长稳定性要求极高，波长的漂移很可能导致信道的串扰，而信道功率漂移，不但会影响本信道的性能，也会影响其他信道的性能。为了实现较好的控制，其控制电路包括温度控制和功率控制两类技术：① 温度控制技术，消除温度变化带来的性能差异；② 功率控制技术，消除器件老化带来的性能差异。

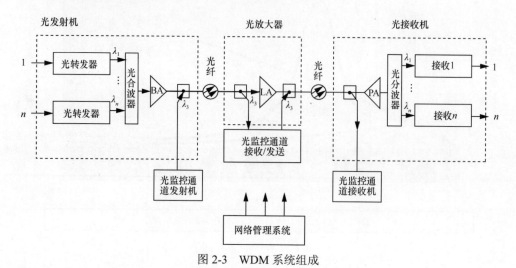

图 2-3　WDM 系统组成

（2）波分复用器

波分复用器由光合波器和光分波器组成，其性能在很大程度上决定了传输的质量。其最重要的两个参数是插入损耗和隔离度。插入损耗是指器件对每个通道光功率的影响，而隔离度专门用来描述分波单元，是指单个波长的光功率与串扰到该波长的功率之比。为了提高传输质量，必须降低插入损耗，增大隔离度。

（3）光放大器

光放大器是光纤通信中的重要组件之一，可以作为前置放大器、功率放大器和线路放大器来使用。光放大器主要分为两种，光纤放大器（Optical Fiber Amplifier，OFA）以及半导体光放大器（Semiconductor Optical Amplifier，SOA）。光纤放大器是在光纤中掺杂稀土离子作为活性物质，因此又可以分为掺铒光纤放大器（EDFA）、掺镨光纤放大器（Praseodymium Doped Fiber Amplifier，PDFA）、掺铌光纤放大器（Niobium-Doped Fiber Amplifier，NDFA）。目前主要应用的是EDFA，因为其具有更好的性能。半导体放大器一般指的是行波光放大器，其早期受到偏振、噪声等因素影响较大，难以投入使用。后来随着应用量子阱 SOA的出现，才不断的实用化，但是由于增益幅度较小且制造难度较大，因此产量比较小。

（4）光监控通道

ITU-T G.692 建议，DWDM 系统需要一个额外的波长用于管理和监控 EDFA。在发送端，插入光监控信号与工作信道进行合波；在接收端，通过分波技术将监控信号与工作信号进行分离。光监控通道的选择应该满足以下要求：① 不能限制泵浦波长；② 不限制未来波长在 1 310 nm 的业务；③ 线路上光放大器失效的时候，监控信道依旧可用；④ 不限制光放大器之间的距离。

（5）网络管理系统

网络管理系统主要用于对 WDM 系统的管理，其应该具备故障管理、性能管理、配置管理以及安全管理的功能。可以通过软件与硬件的结合对网络状态进行调整，保证网络正常高效的运行，提高网络中资源的利用效率。

2.3 波分复用关键技术

基于波分复用技术的光网络可以实现端到端的波长连接，根据频谱资源被细化分割的粒度，可以将波分复用光网络分为固定栅格光网络和灵活栅格光网络。

2.3.1 固定栅格

固定栅格光网络通常是指传统的 WDM 光网络，它在带宽分配与性能管理上一般采用"一刀切"模式，其关键技术主要包括光收发技术和光交换技术。光收发技术主要包括光调制技术[12-14]、波长稳定技术[15-16]、光电检测技术等。

（1）光调制技术

根据调制和光源的关系，光调制可以分为两类：直接调制和间接调制如图 2-4 所示。其中，间接调制是利用晶体的电光效应、磁光效应、声光效应等性质来实现对激光辐射的调制。

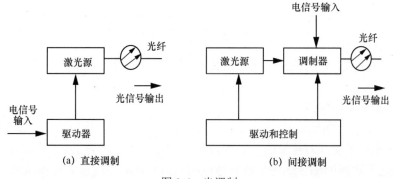

图 2-4 光调制

（2）波长稳定技术

实现波长稳定的技术主要分为两类：内部解决方案和外部解决方案。分布式反馈半导体激光器（Distributed Feedback Laser，DFB）是采用内部波长稳定的一个典型例子，用于选择性光谱反馈的光栅被集成在激光器 bar 条的激活区结构中；外部波长稳定元件的一个例子是基于光热折变无机玻璃的厚体光栅，这种光栅通过紫外光照射下折射率的周期性变化，实现在光玻璃内记录高效布拉格光栅。

（3）光电检测技术

它的主要作用是利用光电效应把光信号转变为电信号。在光通信系统中常用的光电检测器是 PIN 二极管[17]和雪崩二极管[18-19]。

PIN 二极管如图 2-5 所示，PIN 二极管的射频电阻与直流偏置电流有关，因此它可以作为射频开关和衰减器。串联射频开关电路：当二极管正偏时，即接通（短路）。当二极管零偏或者反偏时，不仅开关的最高工作频率会受到限制，最低工作频率也会受到限制，如 PIN 二极管就不能控制直流或低频信号的通断。

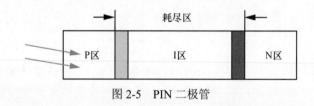

图 2-5　PIN 二极管

雪崩二极管是一种 P-N 结型的光检测二极管如图 2-6 所示，其利用载流子的雪崩倍增效应来放大光电信号以提高检测的灵敏度。

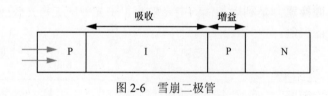

图 2-6　雪崩二极管

光交换技术主要包括光交叉连接技术[20]、光分插复用技术和可重构光分插复用技术等。

（1）光交叉连接技术

光交叉连接（Optical Cross-Connect，OXC）结构及其工作原理如图 2-7 所示。由于每条光纤不能同时传输两个相同波长的信号，因此，为了实现无阻塞交叉连接，在光交叉矩阵的输出端每个波长通道的光信号还需要经过光转换单元（Optical Transform Unit，OTU）进行波长变换。光信号在经过放大、解复用后分散开，成为单独波长的光波，进入光交叉矩阵进行交换，随后变换波长并均衡功率后重新复用输出。同时，也可以复用在 IP 网络和 SDH 链路上。注意，与输入的光信号相比，此时的输出光信号无论是用户还是波长均已发生变化。这里，波长变化是为了解决在同一路光纤中无法复用波长相同的两路光波而设计的。

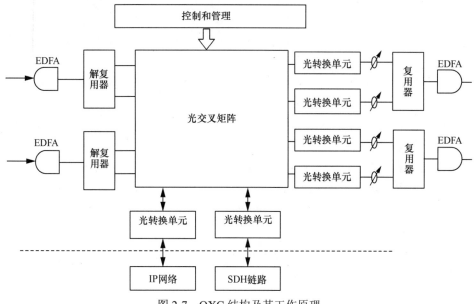

图 2-7　OXC 结构及其工作原理

OXC 主要包括以下模块。

① 光交叉矩阵。目前主要的发展方向是电子机械开关的新型光开关。

② 波长变换器。波长变换器可以将信号从一个波长转换到另一个波长上，实现波域的交换，目前有光电混合方式以及全光方式。

③ 掺铒光纤放大器。掺铒光纤放大器的作用是有效补偿线路损耗和节点内部损耗，延长传输距离，它具有宽频带、对调制方式和传输码率透明等特点。

④ 功率均衡器。功率均衡器的作用是使各波长通道光功率的差异在允许的范围内。

⑤ 控制和管理单元。控制和管理单元实现 OXC 设备各功能模块的控制和管理。

（2）光分插复用技术

另外一个实现光交换技术的重要设备是光分插复用器（Optical Add-Drop Multiplexer，OADM）[21]。分插复用是指将一个波长的光从传送节点上"分离"出来或者将同一波长的光"插入"进去。在光网络中运用分插复用设备，能够使光网的波长应用和分配更加灵活。图 2-8 所示为 OADM 结构及其工作原理。光滤波器件为 OADM 节点的核心器件，由滤波器件选择要上/下路的波长以实现波长路由。从 OADM 实现的具体形式来看，其主要包括分波/合波器加光开关阵列及光纤光栅加光开关两大类。

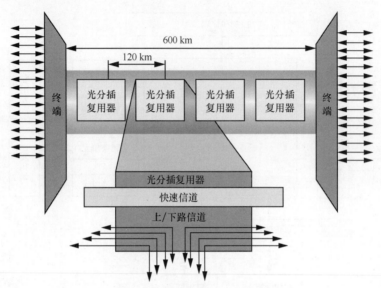

图 2-8　OADM 结构及其工作原理

（3）可重构光分插复用技术

为了满足现有业务量的需求，需要使用灵活度较高的可重构光分插复用技术（Reconfigurable Optical Add-Drop Multiplexing, ROADM）实现多方向的波长调度。目前针对固定栅格状态下，最主要的 ROADM 子系统常见技术主要包括波长阻断器、平面光波回路等[22]。

基于波长阻断器（Wavelength Blocker, WB）的两方向 ROADM 结构如图 2-9所示，它由 3 个部分组成：穿通控制部分、上路复用部分和下路解复用部分。波长阻断器的基本结构由分波、合波和光衰减阵列组成。其最常见也最为广泛应用的技术是微机电系统（Micro-Electro-Mechanical System, MEMS）技术，可支持多光通道数目和小通道间隔，具有低色散、易实现光谱功率均衡和多器件级联的优点。

基于平面光波回路（Planner Lightwave Circuits, PLC）的 ROADM 方案可支持波长广播/组播，可实现一次性波长全上全下，集成度高，且内嵌光功率的检测及功率自动均衡等功能。基于 PLC 的两方向 ROADM 结构如图 2-10 所示。与基于波长阻断器的 ROADM 不同，基于平面光波导的 ROADM 结构没有单独分出穿通控制部分，而是将穿通和上路复用部分合为一个部分。

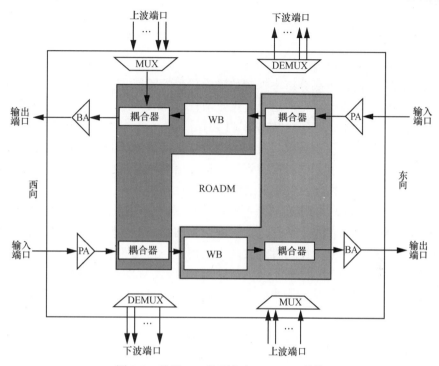

图 2-9　基于 WB 的两方向 ROADM 结构

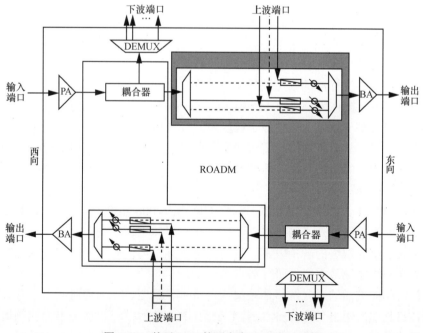

图 2-10　基于 PLC 的两方向 ROADM 结构

2.3.2　灵活栅格

1.　灵活栅格光网络

在全球范围内，以高分辨率视频传输为代表的新型业务与日俱增，网络中信息流量如同原子裂变一样呈现出几何级数增长。2009—2014 年的 5 年间全球 IP 数据量增加 3 倍以上，达到 0.767 ZB（1 ZB=1 024 PB）[23]。需求增长对光网络的信息承载能力提出了更高要求，发展超大容量、动态灵活的全光网络新技术成为必然趋势。如何充分利用光纤带宽资源，提高信息传输与交换能力，对构建高效率、智能化的未来光网络具有重要战略意义。

基于传统 WDM[24]的全光网络可实现端到端的全光连接，波长通道是信号传输与带宽调度的基本单位。然而，WDM 全光网络的根本性问题是：为了降低组网的实现难度，在带宽分配与性能管理上采用"一刀切"模式，即通道间隔、信号速率与格式等参数都是固定不变的。这一问题导致 WDM 全光网络灵活性不高、带宽浪费严重，已不能适应未来大容量、高速率、可扩展的光层传送需要，具体表现为以下内容。

① 通道建立时，不能根据业务容量的实际要求灵活分配可用的带宽资源，造成频谱利用率低下；② 当通道容量需求为多个波长带宽时，WDM 全光网络由于相邻波长之间的保护频谱间隔使这类超波长业务无法在网络中适配承载；③ 通道建立后，无法动态调整通道间隔、信号速率以及调制格式，难以适应业务和网络性能变化。因此，研究频谱灵活光网络的高效频谱利用问题成为发展新一代全光网络技术的迫切需求。

在频谱灵活光网络中，网络频谱资源被进一步细化分割。现有的 WDM 网络架构中符合 ITU-T 标准的固定波长栅格被进一步细分为更窄小的频谱单元，这些窄小的频谱单元被称为频谱隙（Frequency Slots，FS）[25-26]。与分组网络相比，频谱灵活光网络是从频域上划分最小粒度单元，并可根据业务需求分配一定数量的邻接频谱单元，从而根据用户需求和实际业务量大小动态有效地分配适合的频谱资源和配置相应的调制方式。传统 WDM 光网络与频谱灵活光网络的频谱单元对比如图 2-11 所示。

针对 WDM 光网络缺乏带宽灵活性的问题，2008 年 9 月，日本 NTT 公司首次提出了弹性频谱切片光网络概念[27-29]。这一思想迅速受到广泛关注，并发展成为频谱灵活全光网络的解决方案。目前，基于频谱灵活的全光网络技术已经成为近年来光网络领域最重要的研究热点之一。

针对频谱灵活的全光网络体系架构，日本、欧盟、美国的研究工作者分别提出了各自具体的网络名称。日本 NTT 公司 JINNO 等[30-34]首次提出弹性频谱切片光网络的概念，并在 2010 年光通信领域顶级会议 ECOC 上发表，同时展开深入研究。其中在文献[27]中详细介绍了弹性频谱切片光网络作为一种新颖的、高频谱效率、可扩展的光传送网络的体系架构，能够提供子波长业务通道、超波长业务通道和混合速率以及动态高效的带宽服务需求。

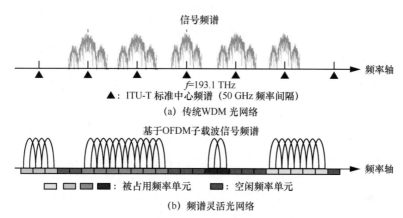

图 2-11　传统 WDM 光网络与频谱灵活光网络的频谱单元对比

在欧盟，RIVAL[35-36]提出的弹性光网络是目前正在积极开展的全光网络研究项目。这个项目旨在设计并展示一种基于"弹性"的新型网络概念，来改善并提高 WDM 网络中的资源利用率。"弹性"的含义代表在当前网络中固定的一系列通信参数，例如光信号速率、调制格式、通道间波长间隔，在新型网络结构中可调节。因此，弹性的特性使得传输参数、网络结构和业务特性之间的映射更加紧密，将大幅提升网络容量，有效降低每比特成本，使网络扩展性增强并更加高效节能。

在美国，基于频谱灵活的全光网络被定义为灵活波分复用（Flexible Wavelength Division Multiplex，FWDM）网络[37-39]。在文献[37]中，GRINGERI 等提出了 FWDM 网络架构，该网络架构能够支撑格形网络拓扑，支持动态容量分配，自动网络控制，光路自动建立，该网络架构的设计为未来光网络的发展提供了重要依据。另外，由 Finisar 公司提出的一项名为 Flexgrid 的全光网络研究项目正在积极展开，Flexgrid 网络旨在强调面向灵活栅格的网络架构，文献[39]中讨论了该网络架构下带宽可变交叉节点的基本设计结构，包括着色、方向性、连接上下路基本特征。

频谱灵活全光网络的物理层关键技术主要包括以基于光 OFDM 调制技术为代表的带宽可变光收发技术[40-45]、以带宽可变 WSS（Bandwidth Variable WSS，BVWSS）为主要器件的带宽可变光交叉技术[46-50]及频谱灵活光网络中物理损伤的研究[51-55]。

2. 带宽可变光收发技术

在频谱灵活光网络中，光路的建立可以根据业务的需求而定，这就需要光收发机具有可变带宽的功能。但是，光收发机的速率通常按照最大流速率设定，例如一个支持400 Gbit/s的带宽可变光发射机承载一个业务速率只有200 Gbit/s的数据业务时，该发射机的使用效率仅有50%，造成了网络设备的浪费。为了提升发射机的利用率，需要带宽可变光发射机具有可切片功能。可切片弹性光收发机是指单一的物理光收发机接口在逻辑上能被分割成不同的虚拟光收发机，每个虚拟光收发机可以建立一条独立的光路[56]。

可切片的弹性光收发机如图 2-12 所示。一个物理上的光收发机可以产生多条不同带宽、不同方向的光路。支持多流的光发射机被首次提出并得到了实验验证[57]。多流光收发机能够将多个上层业务流映射到同一个光发射机上的不同光流。除此之外，基于光任意波形发生器的多频谱切片带宽可扩展的相干光发射机也被提出并得到了实验验证[58]，类似于多流光收发机，该方法可以通过光任意波形发生器产生多个光路。带宽可变光收发技术的实现方式可以具体分为相干光探测与电均衡技术、光OFDM调制技术以及奈奎斯特波分复用调制技术。

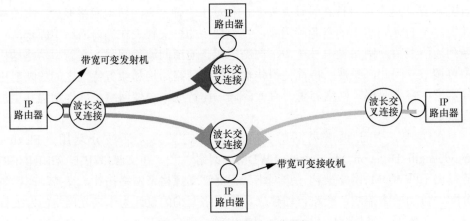

图 2-12　可切片弹性光收发机

（1）相干光探测与电均衡技术

相干光通信技术在近年来发展迅猛，其相比直接检测技术具有3 dB灵敏度优势，并且该技术充分发掘了光载波的信息加载维度，使光调制格式的种类更加丰富。与数字信号处理（Digital Signal Processing，DSP）技术的结合使相干接收成为未来超高速率光传输发展的主流方向。在相干接收中，通过零差或外差检测将光载波上的信号转化为基带电信号，此后的处理步骤称为相干接收电处理过程。经过模数转换采样后，然后进入DSP流程，从而在数字域完成色散补偿、自适应均衡及解偏分复用、载波频偏估计及载波相位恢复等功能，最终进行判决接收。

（2）光 OFDM 调制技术

基于 OFDM 的弹性光网络与相应的波分复用技术的主要区别在上文已经做过介绍。单个子载波的传输速率 $\text{TR}_{\text{subcarrier}}$ 与子载波带宽或频率槽 B 和子载波调制阶数 M 的关系被定义为

$$\text{TR}_{\text{subcarrier}} = B \times \text{lb} M \tag{2-1}$$

（3）奈奎斯特波分复用调制技术

奈奎斯特波分复用调制技术是除 OFDM 外另一种用于产生超级信道的调制技术。理论上奈奎斯特波分复用与 OFDM 的频谱效率相同。采用了奈奎斯特波分复用调制技术的信号光谱与时域波形如图 2-13 所示。

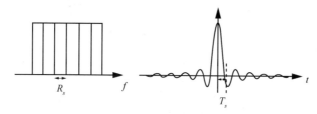

图 2-13　奈奎斯特波分复用调制技术的信号光谱和时域波形

图 2-14 所示为奈奎斯特波分复用系统结构。发送端经过脉冲成型、相干检测、滤波之后，就可以进行相关的数字信号处理，比如色散补偿、非线性补偿等。

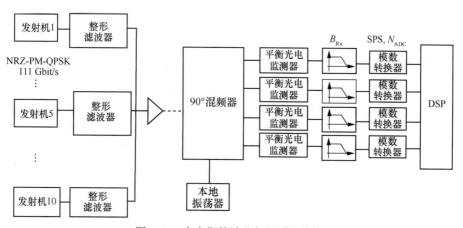

图 2-14　奈奎斯特波分复用系统结构

相对而言，光的奈奎斯特滤波器较难实现，因此用传统的阵列波导光栅（Arrayed Waveguide Grating，AWG）或交织滤波器也可以实现近似的功能。

3. 带宽可变光交叉连接技术

带宽可变光交叉连接是频谱灵活光网络的核心交换技术，其节点功能如图 2-15 所示。它支持不同栅格的交换粒度，可完成不同带宽大小的光路交叉连接。

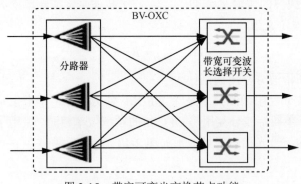

图 2-15　带宽可变光交换节点功能

图 2-16 展示了基于波长选择开关（WSS）的两方向 ROADM 结构。其包含两个主要功能：上/下路复用/解复用和光交叉连接。

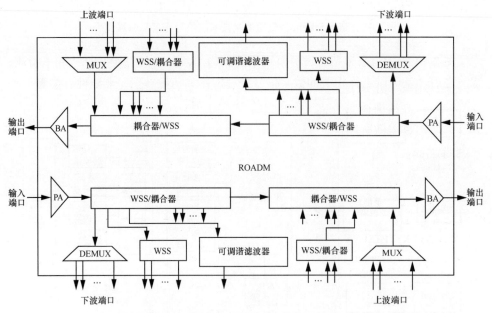

图 2-16　基于 WSS 的两方向 ROADM

图 2-17 所示为八方向 ROADM，从图中可以看出，基于 WSS 的 ROADM 方案可解决多个方向的波长可配置需求，且具备较强的可扩展能力。

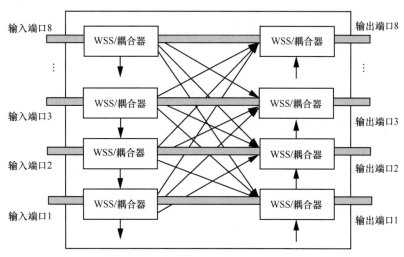

图 2-17 基于 WSS 的八方向 ROADM

2.4 本章小结

波分复用技术是光纤通信历史上的一个里程碑，它突破了光纤传输带宽的瓶颈，在一定程度上解放了光纤的传输容量。本章主要介绍了光波分复用的基本原理及系统组成，并分别介绍了固定栅格光网络与灵活栅格光网络的关键技术。从长远来看，灵活栅格光网络打破了传统波分复用光网络固定栅格的限制，大大提升了系统的频率效率，是未来标准化和产业应用的前景技术。

参 考 文 献

[1] HOGARI K, TETSUTANI S, ZHOU J, et al. Optical-transmission characteristics of optical-fiber cables and installed optical-fiber cable networks for WDM systems[J]. Journal of Lightwave Technology, 2003, 21(2): 540-545.

[2] IWATSUKI K, KANI J K J, SUZUKI H, et al. Access and metro networks based on WDM technologies[J]. Journal of Lightwave Technology, 2004, 22(11): 2623-2630.

[3] GUAN C K, CHAN V W S. Topology design of OXC-switched WDM networks[J]. IEEE Journal on Selected Areas in Communications, 2005, 23(8): 1670-1686.

[4] LEE Y, MUKHERJEE B. Traffic engineering in next-generation optical Networks[J]. IEEE Communications Surveys and Tutorials, 2004, 6(3): 16-33.

[5] KHATRI F I. Novel architectures for long haul DWDM systems[C]//IEEE Advanced Semiconductor Lasers & Applications/ultraviolet & Blue Lasers & Their Applications/ultralong Haul Dwdm Transmission & Networking/WDM Components, Digest of the Leos Summer Topical Meetings. Piscataway: IEEE Press, 2001: 2.

[6] WALLACE A F. Ultra long haul DWDM: network economics[C]//Optical Fiber Communications Conference. Piscataway: IEEE Press, 2001: 1-3.

[7] PUC A B, CHBA T M, HENRIE J, et al. Long-haul DWDM NRZ transmission at 10.7 Gb/s in the S-band using cascde of lumped Raman amplifiers[C]//Optical Fiber Conference Communications Conference. Piscataway: IEEE Press, 2001: 1-3.

[8] SARMIENTO S, ALTABAZ J A, IZQUIERDO D, et al. Cost-Effective DWDM ROADM design for flexible sustainable optical metro-access networks[J]. Journal of Optical Communications and Networking, 2017, 9(12): 1116.

[9] ROSOLEM J B, JURIOLLO A A, SANTOS M A D D, et al. Comparative analysis of optical amplifiers for CWDM networks[C]//IEEE International Microwave & Optoelectronics Conference. Piscataway: IEEE Press, 2007: 34-37.

[10] DAS U, SONKAR R K. CWDM integrated waveguide gratings by InGaAsP/InP quantum well intermixing[C]//IEEE International Conference on Electrical & Computer Engineering. Piscataway: IEEE Press, 2013: 514-517.

[11] KIM J. BANG H, PARK C S. Design and performance analysis of passively extended XG-PON with CWDM upstream[J]. Journal of Lightwave Technology, 2012, 30(11): 1677-1684.

[12] SUN Z, MARTINEZ A, WANG F. Optical modulators with 2D layered materials[J]. Nature Photonics, 2016, 10(4): 227-238.

[13] YU Y, BIAN Q, ZHANG X. Investigation on all-optical intensity modulation characteristics of optical microfiber coupler based on light induced thermal effect[J]. Chinese Optics Letters, 2018, 16(4).

[14] WOOTEN E L, KISS K M, YI-YAN A, et al. A review of lithium niobate modulators for fiber-optic communications systems[J]. IEEE Journal of Selected Topics in Quantum Electronics, 2000, 6(1):69-82.

[15] KLEIN S, HENGESBACH S, TRAUB M, et al. Frequency stabilisation of single emitters and the effect on the beam quality[C]// IEEE High Power Diode Lasers and Systems Conference. Piscataway: IEEE Press, 2015: 13-14.

[16] HENGESBACH S, KRAUCH N, HOLLY C, et al. Hoffmann High-power dense wavelength division multiplexing of multimode diode laser radiation based on volume Bragg gratings[J]. Optics Letters, 2013, 38(16): 3154.

[17] 江利, 王建华, 黄庆安, 等. PIN 二极管的研究进展[J]. 电子器件, 2004, 27(2): 372-376.

[18] JIANGUI L, FREMOUT A, BRUYNDONNKX P, et al. Evaluation of different types of avalanche photodiodes from Hamamatsu and Perkin-Elmer[C]//IEEE Nuclear Science Symposium Conference Record. Piscataway: IEEE Press, 2002: 873-875.

[19] PANSART J P. Avalanche photodiodes for particle detection[J]. Nuclear Instruments & Methods

in Physics Research, Section A, (Accelerators, Spectrometers, Detectors and Associated Equipment), 1997, 387(1-2): 186-193.

[20] ISHIDA H, HASEGAWA H, SATO K I. An efficient add/drop architecture for large-scale subsystem-modular OXC[C]//IEEE International Conference on Transparent Optical Networks. Piscataway: IEEE Press, 2013: 1-4.

[21] VASILYEV M, TOMKOS I, MEHENDALE M, et al. Transparent ultra-long-haul DWDM networks with broadcast-and-select OADM/OXC architecture[J]. Journal of Lightwave Technology, 2003, 21(11): 2661-2672.

[22] 彭江波. ROADM 在 OTN 中的应用方案研究[D]. 武汉: 武汉邮电科学研究院，2010.

[23] Cisco White Paper. Cisco visual networking index- forecast and methodology[R]. 2007-2012.

[24] BRACKETT C A. Dense wavelength division multiplexing networks: principles and applications[J]. IEEE Journal on Selected Areas in Communications, 1990, 8(6): 948-964.

[25] WANG Q K, CHEN L K. Performance analysis of multicast traffic over spectrum elastic optical networks[C]//OFC/NFOEC. Piscataway: IEEE Press, 2012: 1-3.

[26] ZHANG G Y, MARC L, BISWANATH M. Optical grooming in OFDM-based elastic optical networks[C]// OFC/NFOEC. Piscataway: IEEE Press, 2012: 1-3.

[27] JINNO M, TAKARA H, KOZICKI B. Concept and enabling technologies of spectrum-sliced elastic optical path network (SLICE) [C]//OSA/ACP. Piscataway: IEEE Press, 2009: 1-2.

[28] JINNO M, TAKARA H, KOZICKI B, et al. Spectrum-efficient and scalable elastic optical path network: Architecture, benefits, and enabling technologies[J]. Communications Magazine, 2009 (47): 66-73.

[29] JINNO M, TAKARA H, KOZICKI B. Dynamic optical mesh networks: drivers, challenges and solutions for the future[C]//35th European Conference on Optical Communication. Piscataway: IEEE Press, 2009: 1-4.

[30] JINNO M. Energy and spectrally efficient elastic optical path network: introducing elasticity and adaptation into optical domain[C]//Photonics in Switching, Energy Efficient Networking and Systems Workshop. Piscataway: IEEE Press, 2010: 1-3.

[31] KOZICKI B, TAKARA H, TSUKISHIMA Y, et al. Experimental demonstration of spectrum-sliced elastic optical path network (SLICE)[J]. Optics Express, 2010, 18.

[32] JINNO M,OHARA T, SONE Y, et al. Introducing elasticity and adaptation into the optical domain toward more efficient and scalable optical transport networks[C]//Itu-t Kaleidoscope Academic Conference. Piscataway: IEEE Press, 2010: 1-7.

[33] SATO K I. Recent developments in and challenges of elastic optical path networking[C]// ECOC 2011. Piscataway: IEEE Press, 2011.

[34] THIAGARAJAN S, FRANKEL M, BOERTJES D. Spectrum efficient super-channels in dynamic flexible grid networks–A blocking analysis[C]//OFC/NFOEC 2011. Piscataway: IEEE Press, 2011: 1-3.

[35] RIVAL O, MOREA A. Cost-efficiency of mixed 10-40-100 Gb/s networks and elastic optical networks[C]//OFC 2011. Piscataway: IEEE Press, 2011: 1-3.

[36] RIVAL D. EO-Net (Elastic Optical Networks) Project presentation, CELTIC Project Coordinator Workshop[C]//CELTIC Project Coordinator Workshop, 2010: 1-3.

[37] GRINGERI S, BASCH B, SHUKLA V, et al. Flexible architectures for optical transport nodes and networks[J]. IEEE Communications Magazine, 2010, 48(7): 40-50.

[38] ANKITKUMAR N, PATE L, PHILIP N, et al. Survivable transparent flexible optical WDM (FWDM) networks[C]//OFC/NFOEC. Piscataway: IEEE Press, 2011: 1-3.

[39] WRIGHT P, LORD A, NICHOLAS S. Comparison of optical spectrum utilization between flexgrid and fixed grid on a real network topology[C]//OFC/NFOEC. Piscataway: IEEE Press, 2012: 1-3.

[40] JINNO M, TAKARA H, KOZICKI B, et al. Demonstration of novel spectrum-efficient elastic optical path network with per-channel variable capacity of 40 Gbit/s to over 400 Gbit/s[C]//2008 34th European Conference on Optical Communication. Piscataway: IEEE Press, 2008: 1-2.

[41] KOZICHI B, TAKARA H, SONE Y, et al. Distance-adaptive spectrum allocation in elastic optical path network (SLICE) with bit per symbol adjustment[C]//OFC 2010. Piscataway: IEEE Press, 2010: 1-3.

[42] KOZICKI B, TAKARA H, TSUKISHIMA Y, et al.Optical path aggregation for 1-Tb/s transmission in spectrum-sliced elastic optical path network[J]. IEEE Photonics Technology Letters, 2010, 22(17): 1315-1317.

[43] SANDER L J. Multi-carrier approaches for next-generation transmission: why, where and how?[C]//OFC/NFOEC. Piscataway: IEEE Press, 2012: 1-3.

[44] TAKARA H, GOH T, SHIBAHARA K, et al. Experimental demonstration of 400 Gb/s multi-flow, multirate, multi-reach optical transmitter for efficient elastic spectral routing[C]// ECOC 2011. Piscataway: IEEE Press, 2011: 1-3.

[45] ROTTONDI C, TORNATORE M, PULEIO F, et al . On the benefits of elastic transponders in optical metro networks[C]//OFC/NFOEC. Piscataway: IEEE Press, 2012: 1-3.

[46] FONTAINE N K, RYF R, DAVID T, et al. M wavelength selective crossconnect with flexible passbands[C]//OFC/NFOEC. Piscataway: IEEE Press, 2012: 1-3.

[47] JINNO M, TAKARA H, KOZICHI B. Filtering characteristics of highly spectrum efficient spectrum-sliced elastic optical path (SLICE) network[C]//OFC 2009. Piscataway: IEEE Press, 2009: 1-3.

[48] KOZICKI B, TAKARA H, WATANABE A, et al. Distance-adaptive spectrum allocation in SLICE considering optical filtering effects[C]//OECC 2010. Piscataway: IEEE Press, 2010: 98-99.

[49] AMAYA N, ZERVAS G S, ROFOEE B R, et al. Field trial of a 1.5 Tbit/s adaptive and gridless OXC supporting elastic 1000-fold bandwidth granularity[C]//European Conference and Exhibition on Optical Communication(ECOC). Piscataway: IEEE Press, 2011: 1-3.

[50] BAXTER G, FRISKEN S, ABAKOUMOV D, et al. Highly programmable wavelength selective switch based on liquid crystal on silicon switching elements[C]//OFC/NFOEC. Piscataway: IEEE Press, 2011: 1-3.

[51] RIVAL O, VILLARES G, MOREA A. Impact of inter-channel nonlinearities on the planning of 25-100 Gb/s elastic optical networks[J]. Journal of Lightwave Technology, 2011, 29(9): 1326-1334.

[52] CAI X Y, WEN K, PROIETTI R, et al. Experimental demonstration of adaptive combinational qot failure restoration in flexible bandwidth networks[C]//OFC/NFOEC. Piscataway: IEEE Press, 2012: 1-3.

[53] MOREA A, CHONG A F. Olivier RIVAL. Impact of transparent network constraints on capacity gain of elastic channel spacing[C]//OFC/NFOEC. Piscataway: IEEE Press, 2011: 1-3.

[54] SINEFELD D, MAROM D M. Flexible grid multi-line fiber ring laser with an intra-cavity filter using a phase LCoS modulator[C]//OFC/NFOEC. Piscataway: IEEE Press, 2012: 1-3.

[55] KAZUSHIGE Y, FUMIKAZU I, SHUTO Y, et al. Bit-rate-flexible all-optical OFDM transceiver using variable multi-carrier source and DQPSK/DPSK mixed multiplexing[C]//OFC/NFOEC. Piscataway: IEEE Press, 2009:1-3.

[56] GERSTEL O A. Flexible use of spectrum and photonic grooming[C]//Photonics in Switching. Optical Society of America, Monterey. Piscataway: IEEE Press, 2010: 1-3.

[57] JINNO M, TAKARA H, SONE Y, et al. Multiflow optical transponder for efficient multilayer optical networking[J]. IEEE Communications Magazine, 2012, 50(5): 56-65.

[58] GEISLER D J, FONTAINE N K, SCOTT R P, et al. Bandwidth scalable, coherent transmitter based on the parallel synthesis of multiple spectral slices using optical arbitrary waveform generation[J]. Optics Express, 2011, 19(9): 8242-8253.

第3章
光时分复用技术

光时分复用（Optical Time Division Multiplex，OTDM）是光纤通信复用技术中不可或缺的一项重要内容，它把各个支路光信号转换成高速率的超窄脉冲信号，然后插入复用信道中已分配好的时隙上[1-3]。OTDM 的整个复用和解复用过程均在光域中完成，不需要光电转换，因而消除了电子瓶颈，避开了电子设备的速率限制。本章将围绕光时分复用光网络，首先描述其原理及其系统组成，使读者对光时分复用有一个初步了解；然后深入阐述其关键技术，包括超短光脉冲生成技术、光时分复用与解复用技术、光时分交换技术、光时钟提取与同步技术等，使读者对 OTDM 有进一步的认识。

🔍 3.1　光时分复用基本原理

光时分复用的基本原理是：由光源产生一列窄的光脉冲，再把这列光脉冲分离成 N 路，并用速率为 B Gbit/s 的支路电信号对每路脉冲分别进行调制，对各支路信号在时钟周期内延时复用，就可以得到 $N \times B$ Gbit/s 的速率信号，复用信号传输到接收端后再由解复用器解复用提取出各支路信号[4]，具体如图 3-1 所示。它具有众多优势：① 对光源波长的稳定性要求较低，并且只使用单一波长的光源；② 可克服 DWDM 的缺点，非线性的影响较小；③ 网络管理相对简单。因此，世界各国对 OTDM 技术仍处于不断研究中。

在光时分复用过程中，需要通过定时确保复用信道上各信道的信号间具有正确的时隙。图 3-2 以 4 通道光时分复用为例进行了简要介绍。4 个入射光信号均是周期为 B，宽度为 T 的 RZ 脉冲流，通过使用延迟线对输入脉冲流进行时间上的调整，依次延迟光复用器上的每个信道的脉冲流一段时间 D。

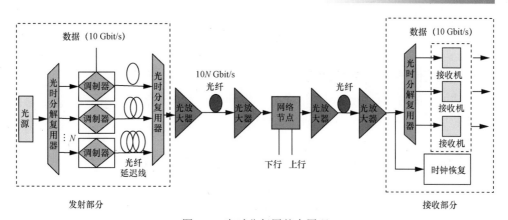

图 3-1 光时分复用基本原理

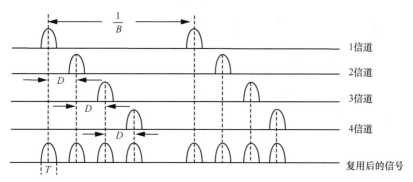

图 3-2 4 通道光时分复用原理

取样过程由电光调制和电比特流实现，光窄脉冲流经过外调制器将电 NRZ 数据脉冲流转变为光 RZ 脉冲流，其原理如图 3-3 所示。

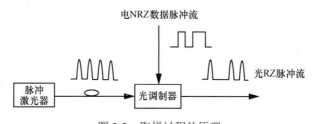

图 3-3 取样过程的原理

OTDM 研究虽然相比于其他复用技术起步较晚，但是在较短时间内取得了巨大的发展[5]。经过前期研究，OTDM 逐渐被应用在多个方面[6-10]，如 OTDM-WDM 光通信系统，自由空间 OTDM 系统，基于 OTDM 技术的波长变换技术等。这些应用展现了 OTDM 技术的巨大潜力。

🔍 3.2 光时分复用系统组成

光时分复用系统由发射部分、传输线路部分和接收部分组成如图 3-4 所示。

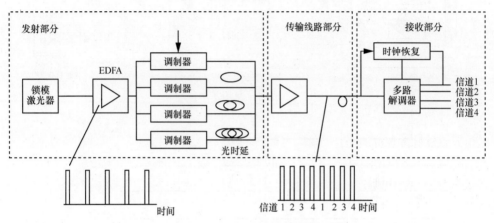

图 3-4 光时分复用系统组成

3.2.1 发射部分

光时分复用系统的发射部分主要由超短脉冲光源和光时分复用器组成。

（1）超短脉冲光源

在光时分复用系统中,系统性能的好坏很大一部分取决于脉冲光源的性能(如脉宽和时间抖动等),因此超短脉冲光源是光时分复用系统中首要的关键器件。光时分复用系统要求光源能产生高重复率、高稳定性、小占空比的超窄光脉冲[11]。能满足这些要求的光源主要有锁模环形光纤激光器、分布式反馈激光器+电吸收调制器和超连续脉冲发生器[12-13]。

锁模环形光纤激光器的结构如图 3-5 所示。

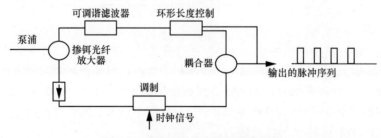

图 3-5 锁模环形光纤激光器的结构

分布式反馈激光器+电吸收调制器的工作原理如图 3-6 所示。

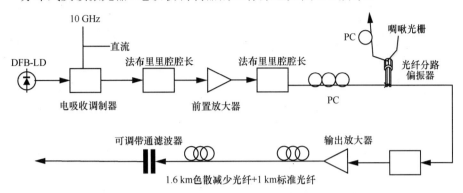

图 3-6　分布式反馈激光器+电吸收调制器的工作原理

超连续脉冲也称透明脉冲，它可以在多种非线性材料如固体、气体和半导体等中由自聚焦、自相位调制、交叉相位调制、受激拉曼散射和四波混频的共同作用产生[14]。超连续脉冲一般由锁模环形光纤激光器、掺铒光纤放大器和超连续光纤等组成。

（2）光时分复用器

光时分复用器是实现光时分复用传输技术的核心器件，它可将多个低速率光信号复用为一个超高速光信号。光时分复用器的种类有很多，其中比较常用的光时分复用分组交错复用器的原理如图 3-7 所示[15]。

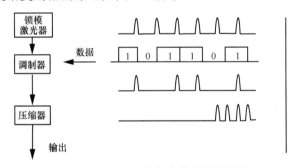

图 3-7　光时分复用分组交错复用器的原理

3.2.2　传输线路部分

光时分复用系统传输线路部分的主要器件为光纤放大器，已在本书 2.2 节进行了简单介绍，此处不再赘述。

3.2.3　接收部分

光时分复用系统的接收部分主要包括光时分解复用器及光接收机。

（1）光时分解复用器

光时分解复用器是实现高速光时分复用传输的核心器件，它可将一个超高速光信号解复用成多个低速率光信号[16-17]。光时分解复用器的种类有很多，其中比较常用的是非线性光环路，其工作原理如图 3-8 所示。

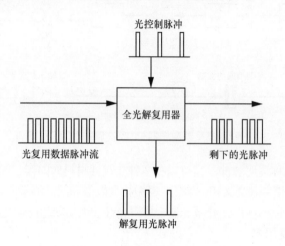

图 3-8　光时分解复用器的工作原理

（2）光接收机

在光时分复用系统中，由解复用器输出的光信号为低速率光脉冲信号，可以用一般光接收机来接收。本书 2.2 节已对其简单介绍，此处不再赘述。

3.3　光时分复用关键技术

光时分复用技术具备两个优点：① 可克服系统中光纤非线性的限制；② 可简单地接入极高的线路速率。它的这两个优点得益于其系统内在的关键技术：超短光脉冲生成技术、光时分复用及解复用技术、光时分交换技术、光时钟提取与同步技术。

3.3.1　超短光脉冲生成技术

超短光脉冲生成是 OTDM 的关键技术之一。在上一节中介绍的几种激光器中，锁模光纤激光器相比于其他激光器而言具有明显的优势：一是耦合效率高且稳定；二是锁模光纤激光器的腔结构比较简单、灵活，能满足各种需要的超短脉冲[18]。因此，本小节针对锁模光纤激光器中的被动锁模光纤激光器进行介绍[19]。实现被动锁模光纤激光器有两种方法：非线性光纤环形镜（Nonlinear Optical Loop

Mirror，NOLM）锁模技术和非线性偏振旋转（Nonlinear Polarization Rotation，NPR）锁模技术[20-21]。

（1）非线性光纤环形镜锁模技术

加成脉冲锁模（Addition Pulse Mode Locking，APM）已被成功应用于超短脉冲的产生。在加成脉冲锁模中，通过自幅度调制效应来窄化脉冲，相比于半导体可饱和吸收体，使用 APM 来实现被动锁模，在实现激光器全光纤结构的同时，可以不受载流子恢复时间的限制而获得飞秒量级的超短光冲。利用非线性光纤环形镜实现光纤激光器的锁模是 APM 的一种有效方法。非线性光纤环形镜具有与光强度有关的透射特性，其工作原理是将一个光纤耦合器的两个输出端相连，构成一个 Sagnac 光纤干涉环[22]。利用 NOLM 构成的被动锁模光纤激光器如图 3-9 所示。

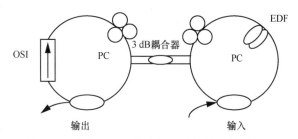

图 3-9　利用 NOLM 构成的被动锁模光纤激光器

早在 1991 年，NOLM 就被用于被动锁模光纤激光器并成功实现[23]。2007 年，上海交通大学利用"8"字形被动锁模激光器研究了谐波锁模过程[24]。2008 年，SALHI 等[25]对"8"字形被动锁模光纤激光器的锁模机理进行了深入的理论研究。同年，IBARRA-ESCAMILLA 等[26]在 NOLM 腔内加入一段高扭曲低双折射光纤和一个四分之一波片来打破腔镜的对称性，获得了重复频率为 0.8 MHz 的稳定脉冲输出。2010 年，哈尔滨工业大学利用 NOLM 在 L 波段获得了 3 dB 范围内 13 条波长的输出[27]。以上研究均体现了利用 NOLM 实现被动锁模光纤激光器的前景与价值。

（2）非线性偏振旋转锁模技术

实现 APM 被动锁模的另外一种方案是利用非线性偏振旋转效应。其具有结构简单、工作稳定、输出脉宽窄等优势，并且可以有效产生超短光脉冲。与非线性光纤环形镜锁模技术相比，环形腔被动锁模激光器不仅易于实现自启动锁模，而且在环形腔中不存在"8"字形腔中的模式牵引和空间烧孔效应。

2004 年，ORTAC 等[28]使用 NPR 技术获得了单脉冲能量约 500 pJ，脉宽 100 fs 的被动锁模脉冲；同年，天津大学的王肇颖等[29]研发了亚皮秒自启动被动锁模掺铒光纤激光器；2006 年，赵得双等[30]通过实验平台获得了脉宽 200 fs、单脉冲能量超过 1 nJ 的稳定脉冲。2007 年，ZHAO 等[31]研究了 NPR 型锁模光纤激光器中的有理数谐波锁模现象，并且证实了谐波锁模中孤子簇和孤子对的存在。2008 年，德国的 RUEH 等[32]研发了高单脉冲能量被动锁模光纤激光器，获得了 10 nJ 单脉冲能量，重复频率为 37 MHz，脉宽为 5.6 ps 的脉冲。

总体而言，超短光脉冲生成技术的研究正朝着脉宽更窄，重复频率更高，功率更强的方向发展。

3.3.2　光时分复用/解复用技术

OTDM 信号有两种复用方式：比特交错和分组交错。如果数据流以比特的形式传输，那么它可以逐个比特进行交错如图 3-10（a）所示；如果数据流以分组的形式传输，那么它可以逐个分组完成交错如图 3-10（b）所示。在进行比特交错和分组交错时，可以使用帧脉冲。在分组交错的情况下，帧脉冲标记在分组之间的边界。在比特交错的情况下，如果要复用 n 个输入数据流，则每 n 比特使用一个帧脉冲。

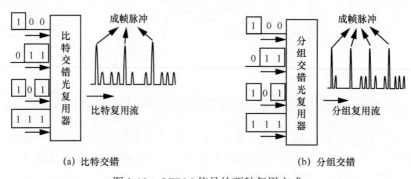

(a) 比特交错　　　　　　　　　　　　(b) 分组交错

图 3-10　OTDM 信号的两种复用方式

如果要复用 n 个数据流，且每个流的比特周期为 T，在使用帧脉冲的情况下，其脉冲宽度应为 $\tau = \dfrac{T}{n+1}$，由于需要在每个比特周期中发送 $n+1$ 个脉冲（包括帧脉冲），每个脉冲的时间宽度 τ 必须满足 $\tau_p = \tau$。注意，通常 $\tau_p \leqslant \tau$，因此在连续脉冲之间需要设置保护时间，该保护时间一方面可以在多路复用和解复用操作中提供一些容差，另一方面可以防止本节之前提到的相邻脉冲之间的不良影响。

（1）比特交错复用

比特交错复用原理如图 3-11 所示。周期性脉冲序列由锁模激光器产生，该脉冲流通过分离器分离，并且要为多路复用的每个数据流创建一个副本。第 i 个数据流的脉冲序列 $i = 1, 2, \cdots, n$ 被延迟 $i\tau$。这些延迟可以通过使脉冲序列经过不同长度的光纤来实现。石英光纤中的光速约为 2×10^8 m/s，1 m 的光纤会导致约 5 ns 的延迟。因此，延迟脉冲流在时间上不重叠，而未延迟的脉冲流则用作帧脉冲。每个延迟的数据流用 RZ 或 NRZ 技术调制，本节则以 NRZ 技术进行调制为例。通过使用组合器组合调制器和帧脉冲流的输出，获得比特交错的 OTDM 流。被选择的帧脉冲的功率电平会高于数据脉冲的功率电平，这有利于解复用中扩展多路复用 OTDM 信号。

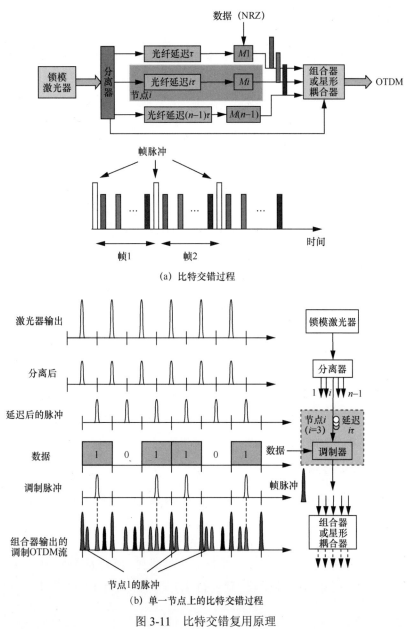

(a) 比特交错过程

(b) 单一节点上的比特交错过程

图 3-11　比特交错复用原理

（2）比特交错解复用

比特交错解复用原理如图 3-12 所示。使用 3 dB 耦合器将多路复用输入分成两个流，如果要提取来自多路复用流的第 j 个流，则将这些流中的其中一个流延迟 $j\tau$。对延迟流执行阈值处理操作以提取帧脉冲。帧脉冲使用比其他脉冲更高的功率进行多路复用，以便促进阈值处理操作。值得注意的是，由于感应延迟，所提取的帧脉冲与未延迟流中对应于要被解复用的数据流的脉冲是一致的。帧脉冲流和多路复用脉冲流之间的逻辑"与"门作用于提取第 j 个流。如果在脉冲间隔期间，两个输入都有脉冲，则逻辑"与"门的输出有脉冲，否则输出没有脉冲。

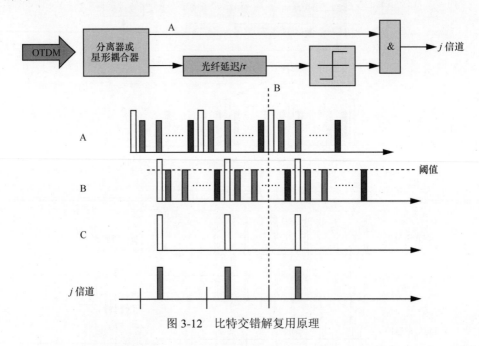

图 3-12　比特交错解复用原理

（3）分组交错复用

在比特交错的情况下，调制数据流具有窄脉冲。如果比特间隔 T，需要按照时间间隔 T 来分离出两个连续的比特脉冲，则只能用分组交错来实现。分组交错复用原理如图 3-13 所示。在分组交错中，将连续脉冲中较高速率的复用信号间隔减小到 τ，可以通过将调制器从一系列压缩阶段传递出来实现分组交错。

如果每个分组的大小是 1 位，则输出必须经过 $k=\text{lb}21$ 压缩级。在第一压缩阶段，位 1,3,5,7…被延迟 $(T-\tau)$。在第二压缩阶段，比特对 $(1,2),(5,6),(9,10)$…被延迟 $2(T-\tau)$。在第三压缩阶段，比特 $(1,2,3,4),(9,10,11,12)$…被延迟 $4(T-\tau)$。

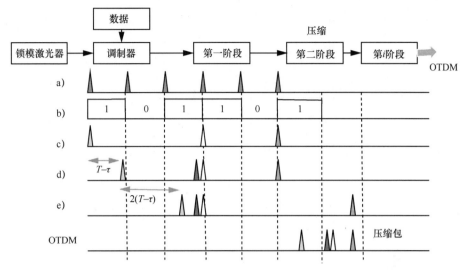

图 3-13　分组交错复用原理

第 j 个压缩阶段如图 3-14 所示。每个压缩级包括一对 3 dB 耦合器，两个分别作为通断开关的半导体光放大器（Semiconductor Optical Amplifier，SOA）和延迟线。第 j 个压缩级具有值为 $2^{j-1}(T-\tau)$ 的延迟线。

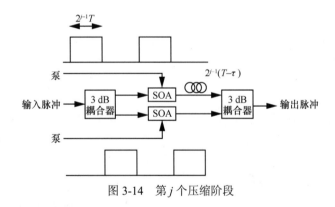

图 3-14　第 j 个压缩阶段

（4）分组交错解复用

在分组交错解复用中，使用 5 个"与"门将输入的多路复用高速流分成 5 个并行流，每个流具有多路复用流的脉冲间隔的 5 倍。其原理如图 3-15 所示。

该过程与用于接收 5 个比特交错数据流的过程相同。每个"与"门的一个输入是输入数据流，另一个输入是控制脉冲流，其中有 5 个脉冲间隔。每个"与"门的控制脉冲流彼此适当偏移，使得它们选择不同的脉冲。因此，第一并行流将包含比特 1,6,11…，第二并行流将包含比特 2,7,12…。该方法还可以用于解复用一部分的分组，如光子分组交换机中的分组报头等。

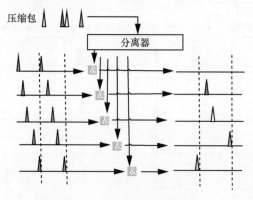

图 3-15　分组交错解复用原理

3.3.3　光时分交换技术

光时分交换以光时分复用为基础，原理如图 3-16 所示[33]。

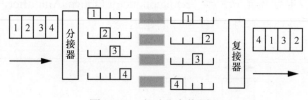

图 3-1 6　光时分交换原理

对于光时分交换而言，需要对不同的数据分组进行不同时间延迟的操作，其本质就是一种可调时延的全光缓存器。因此，实现光时分交换技术的关键就是实现光缓存。光脉冲储存方案[34]如图 3-17 所示。

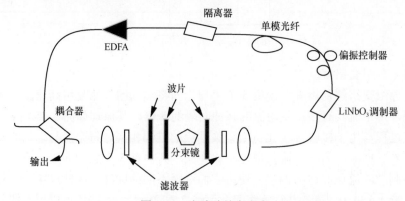

图 3-17　光脉冲储存方案

光时分交换的优点包括：具有极宽的带宽；可突破电控开关的运行速率限制，有望实现超高速的全光交换网络；可降低网络的成本，提高网络的生存性。

3.3.4　光时钟提取与同步技术

早期的光时钟提取技术主要采用电时钟提取。电时钟提取的原理是：首先使用一个窄带电滤波器从光电转换后的时分复用信号中滤出时钟分量，再驱动时钟光源来获取光时钟。该方法易于实现但不适用于高速 OTDM 系统。目前的 OTDM 系统中，主要采用光电锁相环（Optical Phase Lock Loop，PLL）时钟提取和全光时钟提取两种方案。

（1）光电锁相环时钟提取

光电锁相环时钟提取可以提取出复用前的信号时钟。该技术利用了传统的电子锁相环的频率和相位跟踪特性以及光学信号处理的高速性能，在高速 OTDM 系统中应用广泛。采用 PLL 电路进行时钟提取有两种方案：行波型半导体激光放大器（Traveling Wave Type Semiconductor Laser Amplifier，TW-SLA）增益调制的 PLL 电路[35]和 TW-SLA 的四光波混合 PLL 电路[36]。

TW-SLA 增益调制的 PLL 电路结构如图 3-18 所示。

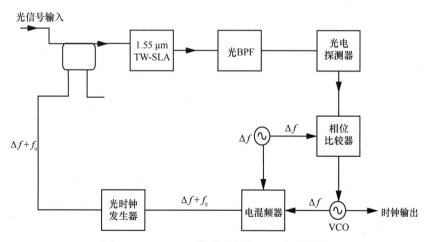

图 3-18　TW-SLA 增益调制的 PLL 电路结构

TW-SLA 的四光波混合 PLL 电路结构如图 3-19 所示。

光电锁相环方案是较为成熟的一种方案，但其系统构造复杂，价格昂贵，且受到电子器件的限制，因此全光时钟提取方案以其高速的性能更加受到研究者的青睐。

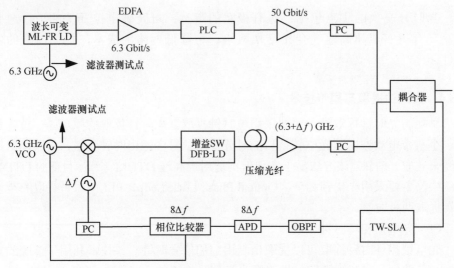

图 3-19　TW-SLA 的四光波混合 PLL 电路结构

（2）全光时钟提取

全光时钟提取采用光学的方法从光脉冲信号中提取低抖动的同步时钟脉冲，提取出的同步时钟脉冲可供光时分复用系统中解复用及信道选择等使用。常用的全光时钟提取采用比特信号脉冲注入半导体光放大器，它通过交叉增益饱和调制（Cross Gain Saturation Modulation，XGM）效应而形成幅度调制（Amplitude Modulation，AM）锁模调制器特性，借此调制激光器腔损耗，或通过交叉相位调制（Cross Phase Modulation，XPM）产生相移形成频率调制（Frequency Modulation，FM）锁模调制特性，从而锁定一个掺铒光纤环行激光器的纵模相位，借以实现低时间抖动的时钟恢复。基于半导体光放大器的注入锁模环形激光器的原理如图 3-20 所示。该方案可靠性高、结构简单、易于实现；缺点在于受长环腔结构所限，时钟的建立时间比较长[37]。

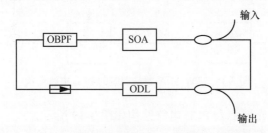

图 3-20　基于半导体光放大器的注入锁模环形激光器的原理

针对上述方案的缺点，研究者提出了几种新的光时钟提取实验方案。

① 非等幅 OTDM 信号的全光时钟提取方案[38]如图 3-21 所示。

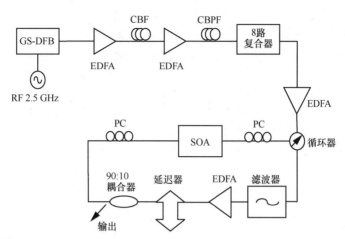

图 3-21　非等幅 OTDM 信号的全光时钟提取方案

② 恶化信号的光时钟提取方案[39]如图 3-22 所示。它由光电振荡器环路和锁模光纤激光器环路组成。

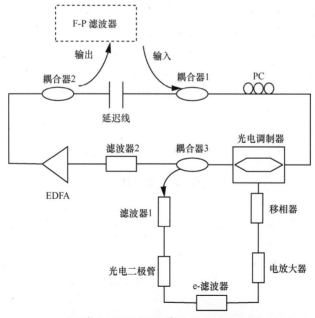

图 3-22　恶化信号的光时钟提取方案

③ 脉幅有序变化 OTDM 信号的全光时钟提取方案[40]如图 3-23 所示。

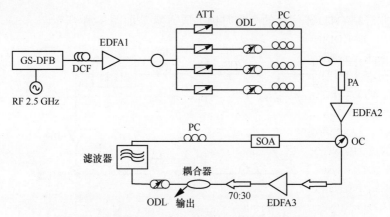

图 3-23　脉幅有序变化 OTDM 信号的全光时钟提取方案

🔍 3.4　本章小结

光时分复用技术能够充分利用光纤潜在的带宽容量，是光纤通信传输系统实现超大容量、超高比特速率传输的有效途径。该技术能节省光纤，降低系统成本，从而大大提高系统的经济效益，是走向全光通信网络和"信息高速公路"的前景技术。本章介绍了光时分复用的基本原理及系统组成，并阐述了超短光脉冲生成、光时分复用与解复用、光时分交换、光时钟提取与同步等系列关键技术。总体来看，由于目前光时分复用技术发展还面临亟待解决的难题，大规模实用化及产业化还需进一步研究和探索。

参 考 文 献

[1] 李锐, 李洪祚, 高晓来, 等. OTDM(光时分复用)技术的现状和展望[J]. 长春师范学院学报, 2008, 27(6): 31-35

[2] MELLIA M, LEONARD E, FELETIG M, et al. Exploiting OTDM in wavelength routed networks[C]//Optical Fiber Communication Conference. Piscataway: IEEE Press, 2002: 605-606.

[3] MERKER T, MEISSNER P, FEISTE U. High bit-rate-otdm-transmission overstanard-fiber using mid-span spectral inversionand its limitations[J]. IEEE Journal of Selected Topics in Quantum Electronics, 2002, 6(2): 258-262.

[4] 魏道平, 赵玉成, 江中澳, 等. 光时分复用系统[J]. 光电子技术与信息, 1998, 11(2): 1-8.

[5] 蒋庆全. 光纤网络波分复用及光时分复用技术新进展[J]. 广西通信技术, 1998, (3): 22-27.

[6] ISLAM T, UDDIN M N. 240 Gbit/s bit compressed hybrid OTDM-WDM fiber optic communication system[C]//IEEE Region 10 Symposium (TENSYMP). Piscataway: IEEE Press, 2017: 1-5.

[7] CINCOTTI G, SHIMIZU S, WADA N, et al. OFDM to OTDM conversion by fractional Fourier transform[C]//Microwave Photonics (MWP) and the 2014 9th Asia-Pacific Microwave Photonics Conference (APMP) 2014 International Topical Meeting. Piscataway: IEEE Press, 2014: 54-56.

[8] CHEN J, ZHANG X, LIN P, et al. Pulse width compression of supercontinuum based on free space OTDM system[C]//International Conference on Optical Communications and Networks (ICOCN). Piscataway: IEEE Press,2017: 1-3.

[9] SHIMIZU S, CINCOTTI G, WADA N. All-optical Nyquist-OTDM to Nyquist-WDM conversion for highly flexible optical networks[C]//Optical Fiber Communications Conference and Exhibition (OFC). Piscataway: IEEE Press, 2016: 1-3.

[10] TAN H N, INOUE T, KUROSU T, et al. First demonstration of wavelength translation for 1.376-Tbit/s DP-QPSK Nyquist OTDM signal[C]//Optical Fiber Communications Conference and Exhibition (OFC). Piscataway: IEEE Press,2015: 1-3.

[11] 艾时英. 光时分复用技术[J]. 光通信研究, 1998, (5): 46-51.

[12] 丁新鲜, 王荣. 超高速 OTDM 系统的关键技术及应用前景[J]. 光子技术, 2005, 10(6): 238-240

[13] 刘涛, 谢小平. OTDM 实用化关键技术分析[J]. 电讯技术, 2002, 42(04): 91-94.

[14] CAMPBELL E E B, ASHKENASI D, ROSENFELD A. Ultra-short-pulse laser irradiation and ablation of dielectrics[J]. Lasers in Material Science Material Science Forum, 1999, 10(301): 123-144.

[15] 马克城, 王廷尧. 第二代光子网络[J]. 光通信技术, 2001, 25(6): 6-15.

[16] OMNDLONY M J. Optical multiplexing in fiber networks:progress in WDM and OTDM[J]. IEEE Communications Magazine, 1995, 33(12): 85-87.

[17] 易武秀. 光时分复用超高速光通信技术[J]. 光通信研究, 1996, 9(3): 58-60.

[18] 吴永超. 超短光脉冲产生技术研究[D]. 天津: 天津大学, 2010.

[19] ZIRNIBL M, STULZ L W, STONE J, et al. 1.2 ps pulse from passivelyly mode-locked laser diode pumped Er-doped fiber ring laser[J]. IEEE Electronics Letters, 1991, 27(19): 1734-1735.

[20] GRUDININ A B, RICHARDSON D J, PAYNE D N. Energy quantization in figure eight fiber laser[J]. IEEE Electronics Letters, 1992, 28(1): 67-68.

[21] STENTZ A J, BOYD R W. Figure-eigure fiber laser with largely unbalanced central coupler[J]. IEEE Electronics Letters, 1994, 30 (16): 1302-1303.

[22] AGRAWAL G P. Applications of nonlinear fiber optics[M]. San Diego: Academic Press, 2001.

[23] RICHARDSON D J, LAMING R L, PAYNE D N, et al. Pulse repetition rates in passively, selfstarting, femtosecond soliton fiber laser[J]. IEEE Electronics Letters, 1991, 27(16): 1451-1452.

[24] ZHAN L, GU Z A, ZHANG J W, et al. Cirtical behavior of a passivelyly mode-locked laser:

rational harmonic mode locking[J]. Optics Letter, 2007, 32(16): 2276-2278.

[25] SALHI M, HABOUCHA A, LEBLOND H, et al. Theoretical study of figure-eight all-fiber laser[J]. Physical Review, 2008, 77(3): 1-9.

[26] IBARRA-ESCAMILLA B, POTTIE Z, KUZIN E A, et al. Experimental investigation of a passivelyly mode-locked fiber laser based on a symmetrical NOLM with a highly twisted low-birefringence fiber[J]. Mexico Laser Physics, 2008, 18(7): 914-919.

[27] 田佳峻, 姚勇, 孙云旭, 等. 利用对称非线性光纤环镜产生多波长激光的研究[J]. 光学学报, 2010, 30(3): 787-792.

[28] ORTAC B, HIDEUR A, CHARTIER T, et al. Generation of bound states of three ultrashort pulses with a passivelyly mode-locked high-power Yb-doped double-clad fiber laser[J]. IEEE Photonics Technology Letters, 2004, 16(5): 1274-1276.

[29] 王肇颖, 王永强, 林冉, 等. 亚皮秒自起振被动锁模掺铒光纤激光器[J]. 光电子激光, 2004, 15(3): 295-298.

[30] 赵得双, 刘永智, 王秉中, 等. 高能量飞秒脉冲掺铒 Er^{3+}光纤激光器[J]. 光电子激光, 2006, 16(8): 922-925.

[31] ZHAO L M, TANG D Y, CHENG T H, et al. Passively harmonic mode locking of soliton bunches in a fiber laser[C]//Conference on Lasers and Electro-Optics/Pacific Rim. Piscataway: IEEE Press, 2007: 1-2.

[32] RUEH A, KUHN V, WANDT D, et al. Normal dispersion erbium-doped fiber laser with pulse energies above 10 nJ[J]. Optics Express, 2008, 16(5): 3130-3035.

[33] CARDAKLI M C, GURKAN D, HAVSTAD S A, et al. Tunable all-optical time-slot-interchange and wavelength conversion using difference-frequency-generation and optical buffers[J]. IEEE Photonics Technology Letters, 2002, 14(2): 200-202.

[34] 张宝富. 全光网络[M]. 北京: 人民邮电出版社, 2001.

[35] 丁么明. 光纤通信新技术[M]. 武汉: 湖北科学技术出版社, 2001.

[36] 缪亦珍. 光时分复用系统中关键技术的研究[D]. 北京: 北京邮电大学, 2004.

[37] 王桐, 李智红, 娄采云, 等. 一种减少基于 SOA 的全光时钟提取码型效应的新方法[J]. 光子学报, 2002, 31(2): 173-177.

[38] 尹丽娜, 曹灼, 刘国明, 等. 非等幅 OTDM 信号的全光时钟提取[J]. 光子学报, 2005, 34(4): 569-572.

[39] 王兆欣, 王桐, 霍力, 等. 10、20、40 Gbit/s 速率下恶化信号的光时钟提取[J]. 光子学报, 2003, 32(9): 1090-1093.

[40] 战莹, 邵钟浩. OTDM 中时钟提取技术的发展及前景[J]. 现代传输, 2006, 31(2): 56-59.

第4章
空分复用技术

波分复用及时分复用增加了光纤的传输容量，解决了早期光纤传输系统容量受限的问题。然而，随着互联网数据量的飞速增长，仅凭频域维度及时域维度提高系统传输容量已经远远不能满足现实需求。作为承载信息传输的网络神经——光纤，需要崭新的复用技术来承载目前指数增长的信息，空分复用（SDM）技术应运而生。本章首先介绍空分复用技术的基本原理，使读者对空分复用有初步的了解。在众多空分复用技术中，少模光纤不仅可以进行远距离传输，还可以传导多个模式，因此本章将重点介绍少模模分复用系统的系统组成及其关键技术。

4.1 空分复用基本原理

空分复用技术[1]目前包含多纤光纤、多芯光纤、轨道角动量、多模光纤以及少模光纤等实现技术，其中多纤光纤技术是在传统单纤光纤的基础上进行多纤扩展实现空间上的复用传输，其原理较为容易理解，本节不对此进行描述。其他空分复用技术相对复杂，本节将详细阐述其相关原理。

4.1.1 多芯光纤

单芯光纤是由一根纤芯和围绕它的包层构成的，而所谓的多芯光纤则是同一个包层里面含有多个相同的纤芯，并按照一定的形状排列[2]。当光信号通过多个芯径进行信息传输时，那么一条多芯光纤的传输容量相当于几条传统单芯光纤的传输容量。相较于单芯单模光纤，多芯光纤提高了传输容量，并且没有增加光缆安装铺设的空间和资金投入，节约了实际施工成本[3]。

为尽快解决所面临的传输容量受限等问题，国内外的许多知名企业以及光学研究机构一直都没有停止对多芯光纤的研究。例如美国的 OFS 公司，日本的多家企业等，都属于多芯光纤方面研究的领先者[4]。就美国 OFS 公司而言，ZHU 等[5]

科研人员已经开发出一款传输距离 11 km，传输容量 2.5 Gbit/s 的拥有 7 个纤芯的光纤。其端面结构如图 4-1 所示。

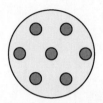

图 4-1　7 芯光纤端面结构

该多芯光纤 7 个纤芯的组合形式为正六边形，每个芯径的直径都为 8±0.2 μm，纤芯之间的距离为 38 μm，7 芯光纤的包层直径为 125 μm。多芯光纤的外层由丙烯酸酯材料涂覆，其直径达到 250 μm。该公司对此多芯光纤分别在不同工作波长下的串扰和衰减损耗做了测试。测试结果为：在 1 310 nm 窗口下，纤芯之间的串扰值为−38 dB/km，中间纤芯的 100 km 传输损耗为 0.39 dB；在 1 550 nm 窗口下，纤芯之间的串扰值为−25 dB/km，中间纤芯的 100 km 传输损耗为 0.32 dB。对于周边纤芯，该公司也进行了损耗测试，平均损耗为 0.50 dB/km。

日本作为多芯光纤研究领域的领先国家，在 7 芯光纤技术上也做出了不俗的成绩。例如，日本的科研机构在 2011 年就已经完成了 7 芯光纤技术的测试工作[6]。该机构在全球范围内第一次成功完成了 110 Tbit/s 的传输容量测试，打破了该实验的物理极限，而在此之前的最高纪录是单个光纤的传输容量为 100 Tbit/s。此外，根据有关文献和报道，日本 Sumitomo 公司的研发人员在普通 7 芯光纤的基础上研发出了沟槽辅助型 7 芯光纤，芯径材料为纯硅，其端面结构如图 4-2 所示。

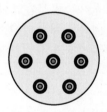

图 4-2　沟槽辅助型 7 芯光纤端面结构

在此结构的 7 芯光纤中所有纤芯都是阶跃型折射率剖面的单模芯，两个纤芯之间的间距为 45 μm，纤芯直径为 20 μm，多芯光纤的包层和涂覆层直径分别为 150 μm、250 μm。研究机构同样对其串扰值进行了测试，测试距离为 104 km，周边纤芯的平均串扰值为−30 dB/km。同样在不同传输波长下对其每个纤芯的衰减进行测量，当工作波长为 1 550 nm 时，每个纤芯的衰减值为 0.175～0.181 dB/km。当工作波长为 1 550 nm、1 625 nm 时，纤芯之间的串扰值分别达到−77 dB/km、

−66.7 dB/km，再使用空分复用的手段，可以将传输距离提高至 17 km，并且传输容量将达到 109 Tbit/s。

此外，在 2008 年日本北海道大学的科研人员开发出了一种新型多芯光纤，该光纤的特点为纤芯结构采用不同种类的材质[7]。实验分析和实际测试表明，当相邻的纤芯按照合理的位置进行组合排列时，纤芯之间的串扰可以进一步降低，这使得对优化多芯光纤芯间串扰的研究取得了新的突破，推进了多芯光纤的研究和发展。该多芯光纤可以在不增加串扰的情况下，缩小纤芯之间的距离，因此该多芯光纤还具有纤芯密度高的特点。使用该纤芯结构可以实现 19 芯以及 37 芯的高级别纤芯编排，19 芯光纤端面结构如图 4-3 所示，但纤芯数量过多，结构相对复杂，因此该多芯光纤还处在发展阶段。

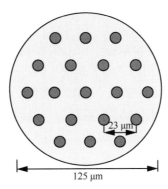

图 4-3　19 芯光纤端面结构

关于多芯光纤方面的研究已经有 20 多年，其在实验研究以及商用阶段都具备一定基础，但是多芯光纤的技术实现仍然面临诸多限制。首先多芯光纤与单芯光纤耦合的问题，现有的绝大多数设备是基于单芯单模光纤设计开发的，要将多芯光纤与单芯设备熔接在一起并正常工作存在一定的难度。其次多芯光纤发展至今依旧没有合适的耦合器件可以使单模光纤与多芯光纤耦合，耦合器件的研究还处在空白阶段。由于多芯光纤的结构特殊，纤芯与纤芯之间的距离没有固定的标准，纤芯的直径没有具体的参数，这就导致了不同结构的多芯光纤在传输特性上存在较大的差异。因为没有统一的标准，所以无法设计出一种能够通用的耦合器件，只能根据具体需要进行设计。再者，无论如何改进多芯光纤的结构，依然没有办法完全消除多芯光纤各个纤芯之间的串扰问题[8]。

面对日后长距离传输和高传输容量的要求，多芯光纤各个芯径之间的串扰必然会对其传输性能造成影响，而且目前还无法满足每个芯径独立传输的要求。相比之下，模分复用技术更有优势，可以避免多芯技术引入的串扰问题。

4.1.2　轨道角动量

模分复用技术相比于多芯复用技术，避免了芯间串扰对传输产生的影响。所谓的模分复用技术，即通过同一空间（纤芯）中传输不同模式间的正交性，实现有效的信道复用/解复用的技术。其实现方式包括多模光纤和少模光纤两种，其中多模光纤是通过控制轨道角动量（Orbital Angular Momentum，OAM）光束螺旋相位波前的旋转方向、角度和半径，来实现不同阶数的轨道角动量模式复用，从而传输上百个光信号偏振模式；而少模光纤则是通过设计折射率和多入多出的数字信号处理，来限制和补偿模式耦合和模间色散带来的不利影响，进而实现传输若干光信号偏振模式[9]。

光波中的粒子具有自旋角动量（Spin Angular Momentum，SAM）和轨道角动量两种特性[9-10]。如图 4-4（a）所示，其中 SAM 是粒子在与其传播方向相垂直的平面内的自转，在光波中表现为偏振态（电场）的旋转，其光强呈高斯分布，而OAM 是粒子在与其传播方向相同的螺旋轨道内的旋转运动，在光波中表现为螺旋相位波前和环型光强分布。通过控制 OAM 光束螺旋相位波前的旋转方向、角度和半径，可以实现不同阶数的 OAM 模式复用，使得 OAM 复用成为提升光纤通信传输容量的全新维度[11]。OAM 复用的关键技术包括模式转换与控制和模式复用与交换。

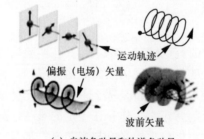

（a）自旋角动量和轨道角动量

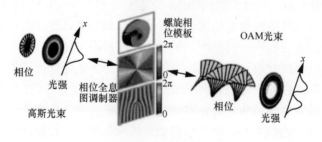

（b）空间光调制

图 4-4　轨道角动量复用

（1）模式转换与控制

实现传统高斯光束和不同 OAM 模式光束之间转换控制的方法主要分为空间光调制和光子集成器件调制两类。空间光调制采用螺旋相位玻片（Spiral Phase Plate，SPP）或可编程的相位全息图模板，对输入光束的相位波前进行调制[12-13]。如图 4-4（b）所示，通过采用不同类型的螺旋相位模板或相位全息图，能够实现多个维度的 OAM 模式转换，而接收端采用相反的螺旋相位模板，即可实现 OAM 模式的探测和解调。在螺旋相位模板调制中要保证 OAM 模式转换的精度，需要对光束相位和幅度进行联合控制。空间光调制还可以使用新型材料结构，例如超表面利用在等离子体材料表面加工的子波长微型天线阵列结构，对入射光束进行反射控制和相位波前旋转完成 OAM 模式调制[14]。

空间光调制所需的器件复杂，集成度较低，为了解决这一问题，英国布里斯托大学提出基于微环型谐振腔附加光栅结构的光子集成调制器[15]。通过在环型谐振腔内部嵌入不同角度的光栅结构，周期性地改变其方位角方向的折射率，使得输出衍射光束具有螺旋相位波前。环型腔中的方位角状态由环内导模和光栅周期的差值决定，通过热光控制可以在环型腔中产生不同阶导模，实现多种 OAM 模式的激励，不同 OAM 模式的切换时间小于 20 μs。

（2）模式复用与交换

多维 OAM 模式的复用/解复用方案[9]主要包括空间光耦合、模式分类和光子集成复用。其中空间光耦合方案通过级联合波方式实现复用，在接收端分路后以反相位模板进行各 OAM 模式的探测解调，如图 4-5（a）所示，再以空间滤波方式恢复单通道信号，其特点是器件简单可重构，但高维度复用系统复杂，插入损耗较大。模式分类器通过空间光学几何变换将各个模式对数极坐标系的环型光场转换为直角坐标系的纵向空间分布，通过透镜组合实现通道解复用[16]。光子集成复用器通过孔阵列光栅级联星型 3D 波导耦合器，完成 OAM 光束方位角相位幅度与耦合器空间相位分布之间的转换，并将解调后的单通道信号汇聚至各个单模光纤（Single Mode Fiber，SMF）端口输出，能够实现 32 维度的 OAM 复用/解复用[17]。

采用反射式 SPP 空间光调制器，对输入的 OAM 模式设置相反的相位波前阶数之和[18]。如图 4-5（b）所示，可以实现反射输出 OAM 模式与原 OAM 模式的模式交换以及 OAM 通道数据的空间交换，模式交换的功率代价约为 1 dB。而采用透射式 SPP 和空间光调制器（Spatial Light Modulator，SLM）可以实现 OAM 模式的上/下路复用[19]。如图 4-5（c）所示，SPP 将在复用模式中的特定模式下变换为高斯光束，而反射式相位全息图光栅将模式和高斯光束分为下路，同时耦合上路的高斯光束，在经过相应 SPP 上变换恢复 OAM 模式的复用组合。

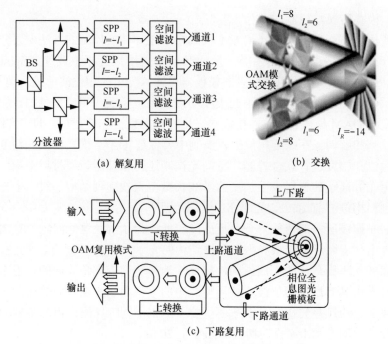

图 4-5　多维 OAM 模式的复用/解复用方案

光网络技术在空间复用利用效率上已得到了充分的挖掘，但不同的空分复用技术也同时存在发展上的问题。相比于多芯复用技术，模分复用技术具有更高的实际应用价值。

4.1.3　多模光纤

多模光纤是指在给定光频率和偏振情况下，可以支持多个横向导波模式的光纤。导模的数目取决于波长和折射率分布，对于阶跃折射率光纤，相关量值为纤芯半径和数值孔径，二者合起来决定 V 值（归一化频率参数，决定了阶跃折射率光纤中的模式数目），且模式数目正比于 V^2，尤其是光纤具有相对较大的纤芯时，支持模式的数目会非常多。这种光纤可以传播光束质量很差的光（例如，来自高功率二极管阵列中的光），但是为了保持具有较高亮度光源的光束质量，最好采用具有较小纤芯和中等大小数值孔径的光纤，尽管这种情况下很难实现有效耦合进入光纤。

与标准单模光纤相比，多模光纤的纤芯面积很大，并且数值孔径也更大如图 4-6 所示。甚至在光纤很大弯曲的情况下，后者也能够实现稳定的导波，以及在不存在弯曲的情况下也具有更大的传播损耗，因为在纤芯-包层截面处的不规则性会引起光的散射。

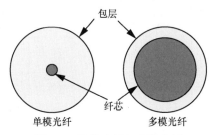

图 4-6 单模光纤与多模光纤

多模光纤的基本性能指标包括纤芯–包层的折射率差异、纤芯直径和外包层直径。光纤通信中常见的类型为 50/125 μm 和 62.5/125 μm 的光纤，即纤芯直径分别为 50 μm 和 62.5 μm，包层直径为 125 μm。这种光纤可以支持几百个导模，还有大芯径光纤，其芯径为几百微米。

将光束耦合进多模光纤相对容易，因为与单模光纤相比，对入射光进入时的位置的和入射角度的允许误差更大。但是，光纤输出光的空间相干性就降低了，并且很难控制出射场的分布。图 4-7 是阶跃折射率光纤导模的电场分布[21]，其中只计算了某一波长的场分布。基模（LP_{01}）接近于高斯强度分布，其他高阶模式具有更加复杂的空间分布。每一个 LP 模式的 β 值不同，且任一 LP 导模的场分布都可以看成一些本征导模场分布的线性叠加[20-21]。

多模光纤任一位置处总的电场分布是来自于不同模式的叠加。强度分布不仅与所有模式的功率有关，还和它们的相对相位有关，因此在光纤特定位置会发生不同模式的相消或相长干涉。功率和相位都是由光射入光纤时的情况决定的，并且相对相位由于传播常数与模式相关而不断变化。因此，强度分布随着时间不断变化，并且在小于 1 mm 的传播长度内会发生显著变化。此外，只要改变入射条件、弯曲程度、拉伸光纤、波长或者温度等，相对相位都会发生改变。值得注意的是，对于一个带宽很宽的光（例如，对于一个白光光源）如果在不干扰其光谱各分量的情况下探测其强度时，不会产生相对复杂的分布。每一波长分组对应的强度分布不同，因此不同波长的贡献会发生相互抵消，并且光纤越长，所需要的平均光谱带宽越小。

对于短距离的光纤通信，通常选用多模光纤而不是单模光纤，因为简单的光源能有效耦合进多模光纤中（例如发光二极管），并且对准的要求不是很高（例如，在光纤连接器中）。但是采用多模光纤的数据传输速率和传输距离是受限的，主要是因为模间色散，模间色散与群速度和传播模式有关。因此超短脉冲在多模光纤中传播会分成传播速度不同的几个脉冲，可能会消除传输的信号。如果采用抛物线型折射率多模光纤（渐变折射率光纤）就可以大大地减小该效应，从而得到更大的带宽距离乘积。此外，在模分复用技术中，少模光纤相对于多模光纤可以更好地控制与减少模式之间的耦合问题，所以少模光纤的应用没有停止其快速发展。

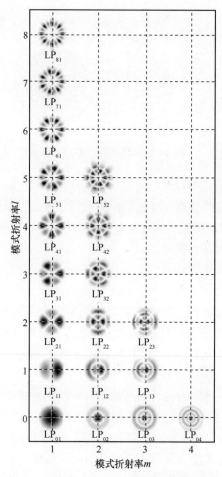

图 4-7　阶跃折射率光纤导模的电场分析

4.1.4　少模光纤

少模光纤通常支持 2～10 个模式的传导。几个相互正交的模式分别作为独立的信道并同时对信号进行传输，可成倍提升光纤信道的传输容量。相比于多模光纤，少模光纤支持的模式数量少，降低了通信系统对模式耦合引起的信道串扰和模间色散处理的复杂度。相比于单模光纤，少模光纤的纤芯通常较大，使其具有更大的模场面积，可以有效降低光纤中非线性效应的影响，可以容忍输入信号光更高的输入功率，对提高信道的光信噪比（Optical Signal Noise Ratio，OSNR）及传输距离起到有益作用。少模光通信系统中经常采用的模式主要有 LP_{01}，LP_{11}，LP_{21}，LP_{02}，LP_{31} 模式，其中 LP_{01} 和 LP_{02} 模式均包含两个正交的偏振简并，其余模式均包含 4 个简并（即两个正交的偏振简并和两个正交的空间简并）。在光纤链路中选择任意模式的组合，结合偏分复用技术光纤信道的容量可以提升 4 倍以上。

少模光纤主要包括圆形和椭圆形两种。从纤芯层数分布来分，少模光纤可分为单层芯型和多层芯型如图 4-8 所示。从纤芯折射率分布来分，少模光纤可分为阶跃型、渐变型、环形阶跃/渐变型、沟道下陷阶跃/渐变型如图 4-9 所示。因此，可以从纤芯的形状及折射率的分布等因素综合考虑，设计出满足传输需求的特种少模光纤，进而应用于通信系统的传输信道中。少模光纤的制作相对容易，可以采用目前非常成熟的化学气相沉积（Modified Chemical Vapor Deposition，MCVD）法、等离子激活化学气相沉积（Plasma-Activate Chemical Vapor Deposition，PCVD）法、管外气相沉积（Outside Vapor Deposition，OVD）法或者气相轴向沉积（Vapor-Phase Axial Deposition，VAD）法，只需增加芯层的大小或者改变芯层的折射率分布即可。

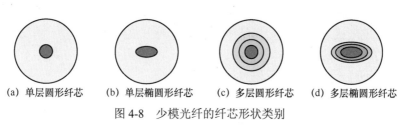

(a) 单层圆形纤芯　　(b) 单层椭圆形纤芯　　(c) 多层圆形纤芯　　(d) 多层椭圆形纤芯

图 4-8　少模光纤的纤芯形状类别

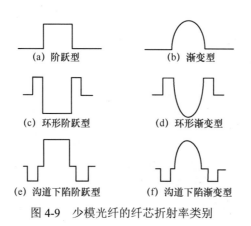

(a) 阶跃型　　　　　　　　(b) 渐变型

(c) 环形阶跃型　　　　　　(d) 环形渐变型

(e) 沟道下陷阶跃型　　　　(f) 沟道下陷渐变型

图 4-9　少模光纤的纤芯折射率类别

4.2　少模光纤模分复用系统

相比于多种空分复用技术，少模光纤具有长距离与多模式传输的特性，本小节将基于少模光纤构建模分复用系统，详细介绍少模光纤的特性、少模光纤模分复用系统的理论模型、建模分析以及系统搭建。

4.2.1 少模光纤特性

少模光纤支持的模式数目介于多模光纤和单模光纤之间，因此少模光纤不仅拥有可提供多个模式间进行复用传输的信道，而且不会引起严重的模式间的色散，体现出其在模式复用中的优势[22]。正因为少模光纤支持传导的模式数量有限，所以可以有效降低模式间的耦合效应。本小节主要研究少模光纤的基本特性，首先对其进行物理学波导分析，推导出模式理论，其次介绍少模光纤中的模式耦合和模间色散效应，为少模光纤模分复用系统构建提供理论基础。

1. 少模光纤中光波的传输特性

少模光纤中光波传导的传输模式反映了光波在少模光纤横截面上的能量分布。物理学中的麦克斯韦方程组描述了在空间中电磁波传播与产生的规律，作为电磁波的表现形式之一，光在光纤中的物理行为方式同样遵循麦克斯韦方程组。少模光纤的传导模式求解与多模光纤相类似，其主要区别在于折射率分布不同和边界条件的不同。麦克斯韦方程组可表示为

$$\begin{cases} \nabla \times \boldsymbol{E} = -\partial \boldsymbol{B} / \partial t \\ \nabla \times \boldsymbol{H} = -\partial \boldsymbol{D} / \partial t \\ \nabla \cdot \boldsymbol{D} = 0 \\ \nabla \cdot \boldsymbol{B} = 0 \\ \boldsymbol{D} = \varepsilon \boldsymbol{E}\boldsymbol{B} = \mu \boldsymbol{H} \end{cases} \tag{4-1}$$

其中，$\boldsymbol{E}$、$\boldsymbol{H}$、$\boldsymbol{B}$、$\boldsymbol{D}$ 代表电场强度、磁场强度、磁感应强度和电位移矢量，μ 代表磁导率，ε 代表介电常数。在 $\nabla \varepsilon \approx 0$ 条件下，麦克斯韦方程组简化表述为矢量亥姆霍兹方程。

$$\begin{cases} \nabla^2 \boldsymbol{E} + k_0^2 n^2 \boldsymbol{E} = 0 \\ \nabla^2 \boldsymbol{B} + k_0^2 n^2 \boldsymbol{B} = 0 \end{cases} \tag{4-2}$$

其中，$k_0 = \dfrac{2\pi}{\lambda}$ 为波矢量。

当光纤的相对折射率差 Δ 很小时，也即满足弱波导条件时，可以近似简便地选取阶跃型少模光纤进行传输特性分析，采用标量解法求解亥姆霍兹方程满足边界条件的近似解[23]。在传导光场中，横向场分量 E_t、H_t 占绝对优势，轴向场分量 E_z、H_z 可忽略，电场和磁场的横向场分量符合标量波动方程的描述。

2. 阶跃折射率光纤的波导分析

一般理想的阶跃折射率光纤满足以下条件：① 线性的光纤材料；② 不存在电荷和电流；③ 结构均匀，包层无限大；④ 长度无限长，光波沿 z 方向（光纤

轴线方向）传输；⑤ 光纤无损耗。鉴于其圆柱形的物理结构，采用圆柱坐标系更有利于对波动方程组的处理。在圆柱坐标系下，通过麦克斯韦方程组的变换，矢量 $\boldsymbol{\psi}$ 可表示为

$$\nabla^2 \boldsymbol{\psi} = \frac{\partial}{r\partial r}\left(r\frac{\partial \boldsymbol{\psi}}{\partial r}\right) + \frac{\partial^2 \boldsymbol{\psi}}{r^2 \partial \varphi^2} + \frac{\partial^2 \boldsymbol{\psi}}{\partial z^2} \tag{4-3}$$

通过以上条件，光纤中的电磁场可表示为

$$\begin{cases} \boldsymbol{E} = \boldsymbol{E}(r,\varphi)\exp(\mathrm{i}wt - \mathrm{i}\beta z) \\ \boldsymbol{H} = \boldsymbol{H}(r,\varphi)\exp(\mathrm{i}wt - \mathrm{i}\beta z) \end{cases} \tag{4-4}$$

电场和磁场载 z 方向的分量 $\boldsymbol{E}_z$ 和 $\boldsymbol{H}_z$ 满足式（4-5）的标量波动方程。

$$\frac{\partial^2 \boldsymbol{\psi}}{\partial r^2} + \frac{\partial \boldsymbol{\psi}}{r\partial r} + \frac{\partial^2 \boldsymbol{\psi}}{r^2 \partial \varphi^2} + (k^2 - \beta^2)\boldsymbol{\psi} = 0 \tag{4-5}$$

采取分离变量的方法，使得 $\boldsymbol{\psi}(r,\varphi) = R(r)\Phi(\varphi)$，对于圆柱形物理结构波导的光纤，电磁场的表述是沿 φ 方向的函数（周期为 2π），因此 $\Phi(\varphi)$ 可表示为 $\Phi(\varphi) = \mathrm{e}^{\mathrm{i}V\varphi}, V = 0,1,2,\cdots,n$，则波动方程可表述为

$$\frac{\partial^2 R(r)}{\partial r^2} + \frac{\partial R(r)}{r\partial r} + \left(k^2 - \beta^2 - \frac{v^2}{r^2}\right)R(r) = 0 \tag{4-6}$$

接着求解以上贝塞尔方程，定义归一化径向相位常数 $u^2 = (\boldsymbol{k}_0^2 n_{\mathrm{co}}^2 - \beta^2)\alpha^2$，以及归一化径向衰减常数 $w^2 = (\beta^2 - \boldsymbol{k}_0^2 n_{\mathrm{cl}}^2)\alpha^2$。则有

$$V^2 = u^2 + w^2 = \boldsymbol{k}_0^2 \alpha^2 (n_{\mathrm{co}}^2 - n_{\mathrm{cl}}^2) = \left(\frac{2\pi\alpha}{\lambda_0}\right)^2 (n_{\mathrm{co}}^2 - n_{\mathrm{cl}}^2) \tag{4-7}$$

其中，V 为归一化频率，它是一个只与光纤结构参数（α、n_{co}、n_{cl}）有关系的参量，表征了光纤的很多特性，其值不仅决定了光纤内传输模式的数目，而且还影响了传输模式的各种性能，比如色散、延迟等[24]。u、w 为归一化的光纤径向相位和衰减常数，因此得到归一化后的相位常数为

$$b = \frac{w^2}{V^2} = \frac{\beta^2 - \boldsymbol{k}_0^2 n_2^2}{(n_1^2 - n_2^2)\boldsymbol{k}_0^2} \tag{4-8}$$

图 4-10 给出了阶跃折射率光纤中归一化频率 V 和相位常数 b 的关系曲线[22]。根据上述的关系，可得到其解的形式为

$$\boldsymbol{E}_z = \begin{cases} \dfrac{A}{J_v(u)} J_v\left(\dfrac{ur}{\alpha}\right)\mathrm{e}^{\mathrm{i}v\varphi}, r < \alpha \\ \dfrac{A}{K_v(w)} K_v\left(\dfrac{wr}{\alpha}\right)\mathrm{e}^{\mathrm{i}v\varphi}, r > \alpha \end{cases} \tag{4-9a}$$

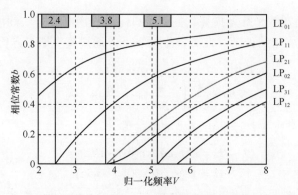

图 4-10　阶跃折射率光纤中归一化频率 V 与相位常数 b 的关系曲线

$$H_z = \begin{cases} \dfrac{B}{J_v(u)} J_v\left(\dfrac{ur}{\alpha}\right) \mathrm{e}^{\mathrm{i}v\varphi}, r < \alpha \\[4mm] \dfrac{B}{K_v(w)} K_v\left(\dfrac{wr}{\alpha}\right) \mathrm{e}^{\mathrm{i}v\varphi}, r > \alpha \end{cases} \tag{4-9b}$$

使用 E_z 和 H_z 分量分别计算 E_φ 和 H_φ 分量，其结果为

$$E_\varphi = \begin{cases} -\mathrm{i}\left(\dfrac{\alpha}{u}\right)^2 \left[A\dfrac{\mathrm{i}v\beta J_v\left(\dfrac{ur}{\alpha}\right)}{rJ_v(u)} - Bw\mu \dfrac{uJ_v'\left(\dfrac{ur}{\alpha}\right)}{\alpha J_v(u)} \right], r < \alpha \\[6mm] \mathrm{i}\left(\dfrac{\alpha}{w}\right)^2 \left[A\dfrac{\mathrm{i}v\beta K_v\left(\dfrac{wr}{\alpha}\right)}{rK_v(w)} - Bw\mu \dfrac{wK_v'\left(\dfrac{wr}{\alpha}\right)}{\alpha K_v(w)} \right], r > \alpha \end{cases} \tag{4-10a}$$

$$H_\varphi = \begin{cases} -\mathrm{i}\left(\dfrac{\alpha}{u}\right)^2 \left[B\dfrac{\mathrm{i}v\beta J_v\left(\dfrac{ur}{\alpha}\right)}{rJ_v(u)} + Aw\varepsilon_0 n_1^2 \dfrac{\alpha J_v'\left(\dfrac{ur}{\alpha}\right)}{uJ_v(u)} \right], r < \alpha \\[6mm] \mathrm{i}\left(\dfrac{\alpha}{w}\right)^2 \left[B\dfrac{\mathrm{i}v\beta K_v\left(\dfrac{wr}{\alpha}\right)}{rK_v(w)} + Aw\varepsilon_0 n_2^2 \dfrac{wK_v'\left(\dfrac{wr}{\alpha}\right)}{\alpha K_v(w)} \right], r > \alpha \end{cases} \tag{4-10b}$$

如果模场在边界处是连续的，可得到线性齐次方程组，当 A、B 存在非零的解，那么可以获得本征方程。

$$\left[\frac{J_v'(u)}{uJ_v(u)}+\frac{K_v'(w)}{wK_v(w)}\right]\left[\frac{n_1^2 J_v'(u)}{un_2^2 J_v(u)}+\frac{K_v'(w)}{wK_v(w)}\right]=v^2\left[\frac{n_1^2}{n_2^2 u^2}+\frac{1}{w^2}\right]\left(\frac{1}{u^2}+\frac{1}{w^2}\right) \qquad (4\text{-}11)$$

在弱导条件（$n_{co}\approx n_{cl}$）下，式（4-11）可以简化为

$$\left[\frac{J_v'(u)}{uJ_v(u)}+\frac{K_v'(w)}{wK_v(w)}\right]=\pm v\left(\frac{1}{u^2}+\frac{1}{w^2}\right) \qquad (4\text{-}12)$$

求解式（4-12）可得各分量导模，包括 EH 模、TE 模、HE 模和 TM 模。在弱导的近似条件下（$\beta\to k_0 n_{co}$），$\text{EH}_{v-1,m}$ 模和 $\text{HE}_{v+1,m}$ 模存在一样的传输常数与特征方程，这两个模式组合而成的独立场称为光纤中的一种线偏振模，即 LP_{mn} 模。在这里 LP 模式没有考虑 EH、TE、HE 和 TM 模的详细不同，只考虑了传输常数的不同。可以说 LP_{mn} 模是 $\text{EH}_{v-1,m}$ 模和 $\text{HE}_{v+1,m}$ 模的线性叠加。其中，m 为贝塞尔函数的阶数，n 为其根的序号，其表示在光纤的横截面上，对应模场的具体分布规律[25]。光纤作为一种传播媒介，通过包层（低折射率）和纤芯（高折射率）来传导信号，其可以形象地描述为光在两种材质（包层、纤芯）的结合处产生反射，从而实现前向传播。

图 4-11 所示为一根阶跃折射率圆光纤及其模式[22]，其直径逐渐增大，纤芯和包层的折射率分别为 n_1 和 n_2。阶跃折射率圆光纤一定可以传导基模，若它的尺寸 $V=(2\pi/\lambda)a\sqrt{n_1^2-n_2^2}>2.405$ 时，高阶模即 LP_{11} 模便可以实现在光纤中的传播。同样，可以用归一化模场分布 $\psi_{11}(r,\theta)$ 和传播常数 β_{11} 来表述 LP_{11} 模。LP_{11} 模存在简并模式（LP_{11a} 和 LP_{11b}），LP_{11a} 和 LP_{11b} 的模场可以表述为

$$\begin{cases}\psi_{11a}(r,\theta)=\psi_{11}(r)\cos(\theta)\\\psi_{11b}(r,\theta)=\psi_{11}(r)\sin(\theta)\end{cases} \qquad (4\text{-}13)$$

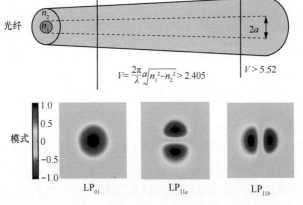

图 4-11　一根阶跃折射率圆光纤及其模式

图 4-12 展示了几个低阶模式的模场分布[26]。光纤支持传导的模式数目是有限的，不同类型的光纤所能支持的数目不同。当光纤的有效直径增大时，且归一化频率 $V > 5.52$，光纤便可以支持传输更多的模式[26]。

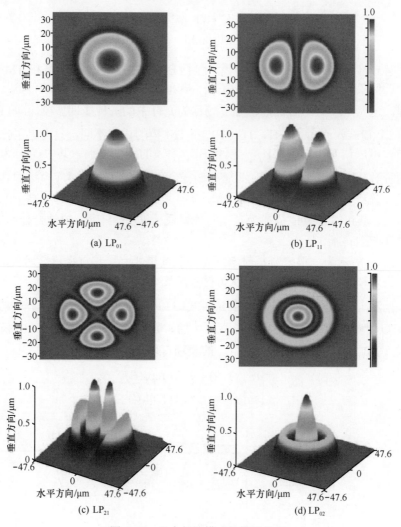

(a) LP$_{01}$ (b) LP$_{11}$

(c) LP$_{21}$ (d) LP$_{02}$

图 4-12　几个低阶模式的模场分布

3. 少模光纤中的模式耦合与模间色散效应

光纤中存在材料色散、波导色散、模式色散（也称为模间色散）3 种类型的色散。本小节重点介绍模间色散，它是一种由于不同的模式信号在相同的光源频率下具有不同的群速度，而引起的脉冲展宽现象。模间色散主要存在于少模和多模光纤中。在实际的物理传输信道中，不确定的环境因素以及光纤制作中的工艺缺陷，必定会产生模式间的耦合效应，当存在较大的模间色散时，传输过程中的模式耦合现象得到一定的抑制而进一步劣化了信号恢复的可能，因此模间色散限制了光纤模式复用系统中传输信道的带宽距离积。

与此同时，模间色散也影响了采用正交频分复用（OFDM）调制格式的 CP 长度，以及在单载波通信系统中使用信道均衡器的数目。也就是说，模间色散的强度决定了通信系统接收端的复杂程度。因此，不论单载波或者多载波系统，对于整个通信系统来说，模间色散是最重要的考量参数。

模间色散会导致光脉冲展宽，从而引起系统产生码间干扰。由于实际接收波形是由激光器的许多线谱构成的，即便接收机能对单根线谱形成的波形进行理想均衡，但每根产生相同波形的线谱经历不同程度的色散后会发生前后错开，所有谱线结合起来所形成的波形不同于单根线谱波形，仍会造成非理想均衡。目前减小色散的方法包括：压缩光源的谱宽、选用色散系数较低的新型光纤、色散补偿光纤或色散补偿器、利用非线性光学效应来压缩色散等。当光纤通信系统中的色度色散压缩至很小或趋于零时，光纤的偏振模色散（Polarization Mode Dispersion，PMD）的影响就会明显突出，成为限制高比特率信号进行长距离传输的主要因素。由于 PMD 的统计特性以及 PMD 的不确定性，使得 PMD 的补偿难度非常大。

传输光纤和内联光学放大器会引入模式相关损耗和增益（Mode-Dependent Loss and Gain，MDL）。由于 MDL 的存在，在传输过程中，不同模式间的信号功率会随机性的发生变化。该现象的存在会引起每路信号中频率成分发生随时间改变的可能性，类似多径衰落在无线系统中的影响[27-28]，功率偏移将使得无线系统的通信总容量产生随机的变化，这意味着系统容量将会降低。而且，在给定的时间点，系统的瞬时容量可能小于传输速率，导致系统中断[29-30]。因此，MDL 所带来的问题成为发展少模光纤技术的一道门槛。通过对少模光纤特性的深度剖析，有利于对少模光纤模分复用系统建模与搭建。

4.2.2　少模光纤模分复用系统的理论模型

少模光纤模分复用系统本质上是采用光的多输入多输出（Multiple-Input Multiple-Output，MIMO）技术的系统，如图 4-13 所示，其为一个最简单的基于少模光纤的 MIMO 直调直检系统。目前光 MIMO 技术主要应用于解决光传输链路中所累积的模间色散和信道交叉串扰问题。

理论上，在模分复用系统中可以通过直接发送导频（训练序列）的方法来直接估计出信道的传输矩阵 H，得到信道传输矩阵后通过对其求逆，再与实际接收到的数据相乘就可恢复出所发送的数据了。

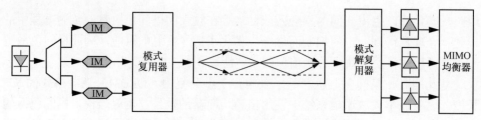

图 4-13　基于少模光纤的 MIMO 直调直检系统

然而，在模分复用系统中，同时复用传输的模式越多，模间色散就越明显。而本小节中使用低模式群时延的少模光纤作为介质来传输模分复用信号，该光纤的特点是不同模式之间群时延特别小，所有模式几乎同时到达接收端，能大大降低系统的模间色散，只需在接收端做简单的数据信号处理（Digital Signal Processing，DSP），就可以均衡补偿信道串扰。

不计光纤的非线性和掺铒光纤放大器（EDFA）的噪声，通过用一个与频率相关的 $\boldsymbol{\theta}$ 的矩阵来描述端到端的传输。

$$\boldsymbol{\theta} = \boldsymbol{M}^{(t)}(\omega) \tag{4-14}$$

在角频率 ω 处使用奇异值分解，式（4-14）可以被表示为

$$\boldsymbol{M}^{(t)}(\omega) = \boldsymbol{V}^{(t)}(\omega)\boldsymbol{\Lambda}^{(t)}(\omega)\boldsymbol{U}^{(t)*}(\omega) \tag{4-15}$$

其中，$\boldsymbol{U}^{(t)}(\omega)$ 和 $\boldsymbol{V}^{(t)}(\omega)$ 分别为与频率相关的输入和输出酉矩阵。

$$\boldsymbol{\Lambda}^{(t)}(\omega) = \begin{bmatrix} \mathrm{e}^{\frac{1}{2}g_1^{(t)}(\omega)} & & 0 \\ & \ddots & \\ 0 & & \mathrm{e}^{\frac{1}{2}g_D^{(t)}(\omega)} \end{bmatrix} \tag{4-16}$$

$\boldsymbol{\Lambda}^{(t)}(\omega)$ 是一个与频率相关的对角矩阵，可用一个 $1 \times D$ 的向量 $\boldsymbol{g}^{(t)}(\omega)$ 来表示。其中，向量 $\boldsymbol{g}^{(t)}(\omega)$ 的分量 $\boldsymbol{g}^{(t)}{}_1(\omega)\boldsymbol{g}^{(t)}{}_2(\omega),\cdots,\boldsymbol{g}^{(t)}{}_D(\omega)$ 是 $\boldsymbol{M}^{(t)}(\omega)\boldsymbol{M}^{(t)*}(\omega)$ 或 $\boldsymbol{M}^{(t)*}(\omega)\boldsymbol{M}^{(t)}(\omega)$ 的特征值的对数，这些特征值是 $\boldsymbol{M}^{(t)}(\omega)$ 的奇异值的平方。当忽略 MDL 时，$\boldsymbol{\Lambda}^{(t)}(\omega)$ 为单位矩阵。由线性代数进行分析，向量 $\boldsymbol{g}^{(t)}(\omega)$ 的分量表征了端到端（即输入和输出之间）的本征模增益，它的值决定了模分复用系统的容量和性能。对式（4-17）进行奇异值分解。

$$\boldsymbol{M}^{(t)}(\omega) = \sum_{k=1}^{D} \mathrm{e}^{\frac{1}{2}g_k^{(t)}(\omega)} v_k(\omega) u_k^*(\omega) \tag{4-17}$$

在式（4-17）中的求解对优化模分复用系统的性能有一定帮助，可以将模分复用系统等价于一个将第 k 路的输入本征模 $u_k(\omega)$ 映射为第 k 路的输出本征模

$v_k(\omega)$，且模式的功率增益为 $e^{\frac{1}{2}g_k^{(t)}(\omega)}$ [31-33]。发送端将输入数据流发送到输入本征模 $u_1(\omega), u_2(\omega), \cdots, u_D(\omega)$，接收端在输出本征模 $v_1(\omega), v_2(\omega), \cdots, v_D(\omega)$ 处接收输出数据流。$\boldsymbol{\Lambda}^{(t)}(\omega)$ 是对角阵，因此，数据流在任意频率均不受串扰影响。

根据上面的分析，如果想求得系统性能的最优解，那么接收机必须能估计任意频率处的传播矩阵 $\boldsymbol{M}^{(t)}(\omega)$，计算出奇异值分解，然后将信道状态信息（Channel State Information，CSI）发送给发射端。CSI 包括发射波束成形矩阵 $\boldsymbol{U}^{(t)}(\omega)$ 和 MDL 向量 $\boldsymbol{g}^{(t)}(\omega)$。发射机使用 $\boldsymbol{U}^{(t)}(\omega)$ 对数据进行预编码，基于 $\boldsymbol{g}^{(t)}(\omega)$ 给空间信道分配发射功率和信息比特[34-36]。

4.2.3 少模光纤模分复用系统的建模分析

在上节中简单介绍了模分复用系统的理论模型。本小节中将对少模模分复用系统进行建模分析。通过模场的耦合模型对模式耦合进行描述，一般情况采用复数形式的电场振幅进行描述，还可以通过功率耦合模型进行描述（只用实数形式的功率对其进行描述）[37]。一个快速变化的光纤双折射效应通过矩阵转换来迭代，$\overline{\boldsymbol{A}}_p(z)$ 表征了光场的稳定性。

$$A_p(z) = \boldsymbol{R}_p(z)\overline{\boldsymbol{A}}_p(z) \tag{4-18}$$

其中，$\boldsymbol{R}_p(z)$ 是一个维度为 2 的酉矩阵，用它来描述由双折射随光纤尺度所引起的光场变换。

$$\boldsymbol{R}_p(z) = \begin{bmatrix} r_{11p} & r_{12p} \\ r_{21p} & r_{22p} \end{bmatrix} \tag{4-19}$$

$$\boldsymbol{R}_p^{\mathrm{H}} \boldsymbol{R}_p = \boldsymbol{I}_2 \tag{4-20}$$

简化式（4-17），可以得到式（4-21）。

$$\frac{\partial \overline{\boldsymbol{A}}_p}{\partial z} + \langle \delta\beta_{0p} \rangle \overline{\boldsymbol{A}}_p + \langle \delta\beta_{1p} \rangle \frac{\partial \overline{\boldsymbol{A}}_p}{\partial t} + i\frac{\beta_{2p}}{2}\frac{\partial^2 \overline{\boldsymbol{A}}_p}{\partial t^2} = \\ i\gamma(f_{pppp}\frac{8}{9}|\overline{\boldsymbol{A}}_p|^2 + \sum_{m \neq p} f_{mmpp}\frac{4}{3}|\overline{\boldsymbol{A}}_m|^2)\overline{\boldsymbol{A}}_p + i\sum_m \overline{q}_{mp}\overline{\boldsymbol{A}}_m \tag{4-21}$$

其中，

$$\langle \delta\beta_{0p} \rangle = \frac{1}{2}(\beta_{px} + \beta_{py}) - \beta_g \tag{4-22}$$

$$\left\langle \delta\beta_{1p}\right\rangle = \frac{1}{2}\left(\left.\frac{\beta_{px}}{\partial\omega}\right|_{\omega_0} + \left.\frac{\beta_{py}}{\partial\omega}\right|_{\omega_0}\right) - \frac{1}{v_g} \tag{4-23}$$

$$\overline{q}_{mp} = q_{mp}\boldsymbol{R}_p^{\mathrm{H}}\boldsymbol{R}_m \tag{4-24}$$

其中，最重要的是式（4-23），式右边第一项是非线性项，表征了光纤模内的非线性效应，这是自相位调制（Self-Phase Modulation，SPM）所引起的；第二项表征了模间的非线性效应，它是模式之间的交叉相位调制（Cross Phase Modulation，XPM）而产生的。式（4-23）是 Manakov 方程少模/多模光纤中对双折射现象的补充，但是，如果多个模式之间发生的线性耦合与由双折射所引起的耦合效果一样时，式（4-23）就不再适用，对于 M 个空间模式的强耦合域，需要使用 $2M \times 2M$ 的随机酉矩阵来计算他们之间的随机耦合[38]。设 $\boldsymbol{A} = \left[\boldsymbol{A}_1^{\mathrm{T}} \cdots \boldsymbol{A}_M^{\mathrm{T}}\right]^{\mathrm{T}}$，其列矢量包含 $2M$ 个场分量，可以得到

$$\frac{\partial \boldsymbol{A}}{\partial z} = \mathrm{i}\delta\boldsymbol{B}_0\boldsymbol{A} - \boldsymbol{B}_1\frac{\partial \boldsymbol{A}}{\partial z} - \mathrm{i}\frac{\boldsymbol{B}_2\partial^2\boldsymbol{A}}{2\partial t^2} + \iint\frac{\mathrm{i}\gamma}{3}\left[(\boldsymbol{A}\boldsymbol{F}\boldsymbol{A})\boldsymbol{F}^*\boldsymbol{A}^* + 2(\boldsymbol{A}^{\mathrm{H}}\boldsymbol{F}\boldsymbol{A})\boldsymbol{F}\boldsymbol{A}\right]\mathrm{d}x\mathrm{d}y + \mathrm{i}\boldsymbol{R}\boldsymbol{A} \tag{4-25}$$

其中，$\boldsymbol{F}$、$\boldsymbol{R}$ 是 $2M \times 2M$ 的矩阵，$\boldsymbol{F}$ 的对角线上 M 个 2×2 的矩阵，并且

$$\boldsymbol{F}_{ij} = F_i F_j \boldsymbol{I}_2, \qquad i, j = 1, \cdots, M \tag{4-26}$$

其中，$\boldsymbol{R}$ 是随机的 $2M \times 2M$ 阶酉矩阵，参数 $\boldsymbol{B}_0$、$\boldsymbol{B}_1$ 和 $\boldsymbol{B}_2$ 是 $2M \times 2M$ 的对角矩阵，这些矩阵包括了各个模式的传输常数、逆群速度、色散系数等参数。经过化简可得

$$\frac{\partial \boldsymbol{A}}{\partial z} + \frac{\partial \boldsymbol{A}}{v\partial t} + \mathrm{i}\frac{\overline{\beta}_2\partial^2\boldsymbol{A}}{2\partial t^2} = \mathrm{i}\gamma\kappa\,|\boldsymbol{A}|^2\,\boldsymbol{A} + \boldsymbol{R}\boldsymbol{A} \tag{4-27}$$

其中，

$$\kappa = \sum_{k\leqslant l}^{M}\frac{32}{2^{\delta_{kl}}}\frac{f_{kkll}}{6M(2M+1)} \tag{4-28}$$

$1/v = \mathrm{trace}(\boldsymbol{B}_1)/2M$ 表示平均逆群速度，$\overline{\beta}_2 = \mathrm{trace}(\boldsymbol{B}_2)/2M$ 表示平均群速色散。对于少模光纤模分复用系统而言，当模式耦合的程度很强时，在两个模式上数据流被传输的概率是一样的，因此两模之间的模式群时延也几乎相同。与无耦合或弱耦合的场景相比，强耦合能够降低模式群时延，进而减小模间色散。但是为了尽可能成功地解复用，期望模式之间的强耦合效应越小越好。

对于弱耦合的情形，其模式耦合效应，可以采用与单模光纤中双折射现象所

引起的偏振耦合一样的模型，该模型的特点是，由于存在双折射现象，其偏振方向在传输方向的段与段之间会发生旋转，其传递矩阵可表示为[39]

$$q_{mp} = \begin{bmatrix} \cos\theta & -\sin\theta \\ \sin\theta & \cos\theta \end{bmatrix}$$　　　　（4-29）

其中，θ 为双折射所引起的坐标系的旋转角度。对于强耦合域的模式耦合效应，这里假设其耦合效应的扰动源同样为双折射效应，由于简并模式考虑偏振状态时有 4 个模式（例如，LP_{11a} 模和 LP_{11b} 模都有 x,y 偏振）如图 4-14 所示[22]。

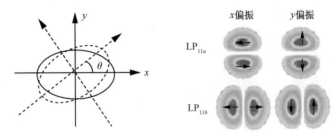

图 4-14　少模光纤中的偏振方位角转换

假设其偏振方向在传输方向的段与段之间会发生旋转，其旋转角度即为双折射现象所引起的偏振态的转换角度，其传递矩阵计算后为

$$R = \begin{pmatrix} \cos\theta\cos\theta & \cos\theta\sin\theta & \sin\theta\sin\theta & \sin\theta\cos\theta \\ -\cos\theta\sin\theta & \cos\theta\cos\theta & -\sin\theta\sin\theta & \sin\theta\cos\theta \\ -\sin\theta\cos\theta & -\sin\theta\sin\theta & \cos\theta\cos\theta & \cos\theta\sin\theta \\ \sin\theta\sin\theta & -\sin\theta\cos\theta & -\cos\theta\sin\theta & \cos\theta\cos\theta \end{pmatrix}$$　　　（4-30）

其中，θ 为双折射所引起的坐标系的旋转角度。

4.2.4　少模光纤模分复用系统的系统搭建

在本小节中，将采取基于少模光纤 2×2 模分复用系统设计方案进行系统搭建，该方案支持参数为 2.5 Gbit/s、1 550 nm，传输最大距离 40 km 的紧凑型直接调制的 SFP 光模块来产生 1 550 nm 的光信号；并采用型号为 opwill-otp6200 的奥普维尔 OTN 智能光网络测试平台作为数据测量系统；模分复用和解复用模块通过分立元件搭建而成[22]。

图 4-15 所示为整个模分复用传输测量系统的实验结构[22]，主要包含 OTN 智能光网络测试平台组成的发送端、接收端和光模块，以及由分立元件组成的模分复用/解复用系统。图 4-16 所示为模分复用系统实验装置。

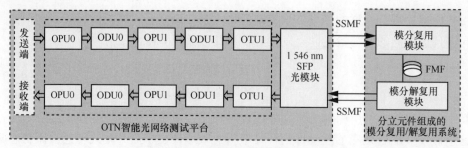

图 4-15 模分复用传输测量系统实验结构

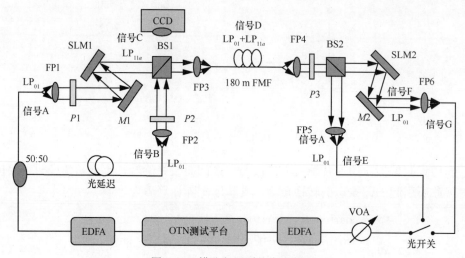

图 4-16 模分复用系统实验装置

模分复用系统主要包括以下设备和器材。

① OTN 智能光网络测试平台：作用是产生 1 550 nm、2.5 Gbit/s 的光信号与性能测试。

② 2 个 EDFA：作用是放在发送端和接收端放大光信号。

③ 耦合器若干：作用是对光信号进行分束和合束，会产生一定的衰减。

④ 光延迟线：作用是延迟光信号以消除两种模式之间的相关性。

⑤ 6 个光纤准直器（Fiber Point，FP）：作用是准直从光纤入射到空间中的光路。

⑥ 3 个偏振片：作用是调整光信号的偏振方向，空间光调制器是偏振敏感元件，入射到其上的光路需要先调节偏振方向使得光功率的衰减值最低。

⑦ 反射镜若干：作用是反射光路。

⑧ 2 个分光棱镜：作用是对光路进行分束和分束。

⑨ 2 个 SLM：作用是对光信号进行模式转换。

⑩ 180 m 的定制少模光纤：作为传输介质。

此系统构建的基本步骤和详细描述如下。

（1）光电调制

在发送端，2.5 Gbit/s 电 OOK 信号按照 OPU0-ODU0-OPU1-ODU1-OTU1 的帧格式进行层层封装，通过 1 550 nm 的激光光源和 SFP 光模块直接调制并转换成 1 550 nm、2.5 Gbit/s 的光信号传输。接着，采用 50:50 耦合器将已调制的光信号 1:1 分成 A 和 B 两路，进行模式转换。

（2）模式转换

调节对准 FP1 和 FP2，使两路基模光信号分别通过光纤准直器从单模光纤中平行地入射到空间中，然后采用空间光调制器对其中一路基模信号 A 进行模式转换。首先用一个调节好角度的偏振片使基模信号的偏振方向与 SLM 一致，然后将经过起偏后的光以一定角度入射到 SLM 的液晶屏上实现模式转换，基模信号 A 成功转换为 LP_{11a} 模信号 C。

（3）光路耦合模分复用和传输

调整光路的角度使信号 B 和 C 垂直入射到 BS1 的中央，实现合束，然后调节准直器，使包含两种模式信号的合束信号 D 通过 FP3 入射到少模光纤中进行 180 m 传输，过程中不可避免地会发生模式耦合，导致空间复用信号之间的串扰。

（4）模分解复用

包含两种模式的光信号 D 通过光纤准直器从少模光纤入射到空间，同样用与复用模块相同的办法通过 BS2 将光信号分束成两路信号 E 和 F，E 和 F 同时包含两种混合模式。直接用 FP5 对信号 E 进行接收，因为能在单模光纤传输的信号一定是基模信号，用光功率计测量接收到信号的功率值。由于光路的可逆性，在 SLM 上加载同样的相位函数，让信号 F 经过 SLM 的调制，理论上讲，这个过程使信号 F 中的模式发生了反转改变，信号 F 中的 LP_{11a} 模信号转换成了基模信号 G 并通过 FP4 用单模光纤进行接收和测量。

🔍 4.3 少模光纤模分复用关键技术

在上一节中详细介绍了少模光纤模分复用系统的理论模型、数学建模及系统搭建。在本小节中，将针对现有的少模光纤模分复用关键技术进行概述。其中少模光纤模分复用传输系统的关键技术主要有以下几个方面[40-41]。

① 容量提升与编码技术。结合 MIMO 信号处理技术消除模分复用系统中线性或非线性产生的负面影响。

② 自适应调制优化技术。

本节将针对少模光纤模分复用系统中的容量提升与编码技术以及调制优化算法分别进行理论分析及数学建模，此外在少模光纤模分复用系统中使用自适应调制优化算法可以提高资源利用率进而提升系统的性能。

4.3.1 容量提升及编码技术

模分复用技术会带来线性或非线性模式间相互作用的代价，此类相互作用必须采用 MIMO 信号处理来消除其对光传输系统的负面影响。MIMO 信号处理最早应用在无线通信中，然而其目前也成为光纤通信最常见方法之一。

1. 随机光多输入多输出信道的容量提升

FMF 中的多个光纤模式传输信息和模间色散可以和无线通信链路中的多路径和散射现象类比，而利用 FMF 传输容量的模式自由度正是由此受到启发。如果从传统通信理论的角度来看待伴随着多模式传输和模式耦合的 FMF 传输，则模分复用系统可以被视为光纤中的信号传递，且多个光源或者光探测器的引入是用来充分利用空间或者模式分集的。因此，引入一个 $NR{\times}Nr$ 信道矩阵 H 用以表征含有 NT 个发射端和 NR 个接收端的光 MIMO，就会为接下来的研究带来诸多方便。H 的每一个矩阵元素表示第 i 个发射端和第 j 个接收端之间（伴随着幅度衰减和一个相位时延）信道增益的复数权重因子。一个光 MIMO FMF 链路中的多模式数据传输的基带输入–输出关系可以表达为（忽略光纤时延）

$$y_i(t) = \sum_{j=1}^{M}\sum_{K=1}^{Q} h_{ijk} \mathrm{e}^{jw(t-\tau_{pk})} x_j(t-\tau_{gk}) + v_i(t) \tag{4-31}$$

对于光 MIMO FMF 链路的应用而言，发射端的选择性模式激励用于将发射的模式分布进行整形。选择性模式激励被用在多个发射端或接收端，以实现空间上的数据复用。当输入或者输出耦合可以用单位矩阵 K 表达时，矩阵 H 的完全可逆性要求就可以满足。因此，实现发射（接收）端和 FMF 之间的低损耗耦合矩阵元素就显得尤为重要，且这种数学表达所要用的器件是可以将发射（接收）端与 FMF 中的某个专用模式连接起来的理想模式分路器。

此外，光纤中的传输，包括模式耦合和模间色散都是在矩阵 H 中得到描述的。利用光 MIMO 技术的一个优势就是单独模式下的选择性正交耦合并不再是前提条件。也就是说，由不同的光源所激励的模式耦合不用必须实现分离，或者多个探测器所收集到的模式耦合也并非必须实现分离。其基本要求是：并不是所有的激光光源都要精确激励同样的模场分布，而且同样地，并不是所有的探测器都能接收到同样的模式耦合（这种条件已经在实际中可以实现）。由 FMF 中的扰动或者散射所引起的模式耦合（混合）会引起串扰，而这是可以通过在接收端的信号处理而得到纠正的，且此类纠正在发射端就可以展开[42]。

为了实现光 MIMO 所带来的益处（比如传输容量随着接收/发射端数量的增长而线性增长），一个非常关键的要求就是要实现伴随有足够接收（发射）端分集的丰富散射环境信道。唯有如此才能够使矩阵 $\boldsymbol{H}$ 随机化，且每个矩阵元素之间在统计意义上不相关。这也就意味着，必须保证矩阵 $\boldsymbol{H}$ 的元素充分不相关，而且最佳的情况是所有元素都是呈独立同分布的高斯随机变量（即瑞利平坦衰落）。为了保证这样的独立同分布条件，两个重要需求需要得到保障。

① 足够大的相位时延拓展和载波频率之间的乘积，可使得矩阵 $\boldsymbol{H}$ 中每个元素的相位被认为是在[0，271]上均匀分布的随机变量。

② 足够大的模式或路径数量，可使得每个发射（接收）端都可以激励（采样）于完全不同的模式（路径）。由于相干光 MIMO 采用了一个非常大的载波频率（即光载波频率），其对于最小相位时延的限制有所放宽。

值得注意的是，一个相干光 FMF 链路中信道的多路径特性对系统会有两方面的影响：① 它会使一个 MIMO 信道成为具备低相关性矩阵元素的复数高斯矩阵；② 在一个符号宽度之内没有到达的光信号将会导致 ISI，这并不利于光 MIMO 容量提升（即使它可以被认为是改进的多路径分集）。在此重点关注一个符号宽度之内的、以 MIMO 传输方式提升容量的多个激励模式。因此，在不同的符号周期内到达的模式可以通过均衡技术（如正交频分复用调制或者 MIMO 信道均衡）来得到补偿。

2. 光多输入多输出链路中的编码技术

对于高斯白噪声（Additive White Gaussian Noise，AWGN）信道来说，当 OSNR 变大时，误码率（Bit Error Ratio，BER）随 OSNR 变化曲线的斜率会无限大。然而，对于瑞利衰落信道而言，从对数–对数的角度出发其所对应的斜率就是线性的。这就意味着，即使 OSNR 很大时，瑞利平坦衰落的传输性能也会显著下降。分集技术的最基本目标是在没有显著瞬时衰落时，将一个不稳定的时变衰落信道变换为一个稳定的类似 AWGN 的信道，并由此使 BER-OSNR 曲线更为陡峭。针对瑞利平坦衰落信道，时空编码（Space-Time Block Coding，STBC）是实现最大化分集（而并非容量）的传输分集方案。

STBC 的主要优势在于简便性、可实现的最大分集阶数和接收端的线性处理。最早的且已被广泛熟知的 STBC 是 Alamouti 编码，为一种在无线通信中（当有两个发射天线时）所采用的复数正交空时编码。然而，应用此编码技术可以较好地降低误比特率。

这里对光 MIMO FMF 链路中的两种 Alamouti 编码方案（2×1 和 2×2）做出性能提升方面的评估，并对它们的 SISO 和 MRC 方案进行比较。此处假设它们具有相互独立的瑞利衰减信道和接收端完美的信道估计。利用蒙特卡洛仿真方法，对上述提到的两种 Alamouti 编码方案以 BER-OSNR 的方式进行比较。当达到

10^{-4} BER 时，2×2 Alamouti 编码方案相较于 1×2 MRC 和 2×1 Alamouti 编码方案而言要求相对较低的 OSNR；在同样的 OSNR 值时，1×2 MRC 相较于 2×1 Alamouti 编码方案可以实现更低的 BER。因此，STBC 方案的应用可以明显提升光 MIMO FMF 链路的性能，且 Alamouti 编码可以实现与 1×2 MRC 技术相同的分集阶数。

然而，由于总传送功率的限制（即总传送功率在 Alamouti 编码中分裂一半到每个发射机），MRC 技术在接收端提供一个功率合并增益方面要胜于 Alamouti 技术。同时，2×2 Alamouti 技术可以实现与 1×4 MRC 技术相同的分集阶数。当空间复用技术被采用时，可实现的最大传输速率与 MIMO 信道的容量相同；然而，当使用 Alamouti 技术时，可实现的最大传输速率要小于 MIMO 信道的容量。尽管 Alamouti 技术可以在一个相对较小的计算代价前提下提供丰富的分集，但是它会导致传输速率有所降低。这是因为它会将信道矩阵转化为一个标量 AWGN 信道，而 AWGN 信道的容量要比真实的信道容量小。

对于任意的 OSNR 值，Alamouti 方案的 4 阶分集可以实现更低的 BER（更好的性能）。对于 QPSK（QAM）实现 10^{-3} BER 的要求，Alamouti 方案的 4 阶分集与 SISO 相比较时，Alamouti 方案对于 OSNR 值的要求要小于 14 dB（l0 dB）。在 QPSK 和 QAM 两种情况下，当发射端数量上升时 BER 曲线的斜率会变陡峭，且可以实现更低的 BER 结果。这也就是说，STBC 可以提供更高的分集阶数，增加发射端数量也可以得到更高阶的分集。事实上，以上结果表明所有的 STBC 方案都可以实现 NT 的最大分集阶数。

4.3.2　模分复用系统的调制优化算法

目前已有的光传输系统的调制优化以及功率优化方案主要是针对基于单模光纤传输系统的直接检测系统，或者是基于多模光纤环形入射的多输入多输出，而针对基于少模光纤模分复用系统的资源分配方案比较缺乏，主要是通过在接收端检测模式信号的接收功率或光信噪比，然后通过规则来反馈控制入射模式功率的配比。该反馈控制机制需要遍历所有的子信道来获取反馈信息，且对实时性要求较高，无法对反馈控制结果进行判断，反馈控制精度较低。自适应调制格式优化和功率分配技术渐渐地也被应用到光纤通信的 MIMO 系统中来，主要使用了基于空时矢量编码技术和基于 SVD 的优化算法，并取得了不错的效果[43]。

在模分复用传输过程中，不同模式信号由于其自身因素所经历的模式相关增益和衰减存在较大差异，并且由于模式群时延、群速度色散、有效面积等模式特性的影响，在传输过程中不同模式的传输效果并不相同。例如，非简并模式之间通常具有较大的模式差异，其线性模式耦合较低，模式群时延累积较大，模间非线性串扰较小；而简并模式之间模式差异较小，模式群时延累积较大，模间非线性串扰严重。本小节从少模光纤系统中模式的本征特性和模式非线性传输过程的基本理论出发，评估不同模式复用传输时的传输性能差异及发射功率、信号速率等调制特性对模间串扰的影响；对不同的传输模式进行自适应的数字调制控制，以降低模式之间线性、非线性串扰的损伤效果，提升复用系统整体性能。

MIMO 系统的自适应调制需要实时了解整个系统各个子信道的信道参数以及系统的工作情况，然后改变系统的一些参数，以减少信道条件变化对系统性能的影响。自适应调制的基本原则就是监测各个子信道的信道情况和实时变化，然后根据子信道的情况重新配置调制资源，给信道条件好的子信道分配更高效的调制方式以传输更大的带宽[44]。

1. 信道估计方法

自适应技术改变发送参数的前提是要先了解信道参数和状态，因此首先需要对时变光纤信道进行估计，得到信道状态信息（CSI）。最常用来表征信道状态信息的参数有：信道的传递函数 H、信噪比、误码率。自适应算法就是在限定条件下选择最佳的参数，来求解目标函数的最优化问题。

常用的信道估计方法有 3 种：一是发送设计好的已知训练序列来估计函数；二是根据一些与比特无关的参数特征或者是接收端判决反馈进行盲估计；三是结合前两种方法进行半盲估计。最常用是基于已知的训练序列或导频来直接估计信道函数。但是如果将信道间干扰和子载波间干扰也考虑进去的话，应该在实时获得信道的状态信息后，根据信道干扰的情况改变发送端的传输特性，才能更好地优化传输性能，而自适应技术就是解决这个问题的核心。其中可以改变的参数有：用户分配的子载波数、调制方式（即分配比特数）和发射功率等。

自适应算法优化调整调制方式和发射功率两个参数，以信道容量即传输速率最大化为目标。

2. 自适应调制算法方案

假设 MIMO 系统中，发送端 OFDM 信号有 x 个子信道，N 个模式进行传输，则系统发送端的子信道数目为 $n = N \times x$，总的发射功率限制为 P。利用发送训练序列的信道估计方法来估计信道矩阵 H，然后将所得的信道状态信息通过反馈信道发送到发送端。如图 4-17 流程[22]所描述，通过对信道传输矩阵 H 进行奇异值分解，根据奇异值按照具有约束条件的注水算法给各个子信道分配不同的发射功率，当信道条件较好时分配较多的功率，当信道状态差时分配较少的功率。

根据奇异值分解理论，将 MIMO 信道等效为 r 个平行去耦子信道（r 是信道矩阵 H 的秩，其最大值为 n）。根据香农容量公式，系统总的信道容量为

$$C = W\sum_{i=1}^{r}\mathrm{lb}(1 + P_n/\sigma^2) \tag{4-32}$$

其中，W 是每个子信道的带宽，P_n 是在第 i 个子信道中接收的信号功率。

$$P_n = \lambda_i P_i, \ i = 1, 2, \cdots, n \tag{4-33}$$

其中，λ_i 是信道矩阵 $\boldsymbol{H}$ 的奇异值，P_i 是各个子信道的发射功率。在给定额功率 P 限制下，使系统容量最大的频谱效率为

$$\max_{P_i} \sum_{i=1}^{r}\mathrm{lb}(1 + \lambda_i P_i/\sigma^2), \sum_{i=1}^{n} P_i \leqslant P \tag{4-34}$$

分配给信道 i 的功率为

$$P_i = \left(\mu - \frac{\sigma^2}{\lambda_i}\right)^+, \ i = 1, 2, \cdots, n \tag{4-35}$$

因此，

$$C = W\sum_{i=1}^{r}\mathrm{lb}\left[1 + 1/\sigma^2\,(\lambda_i\mu - \sigma^2)^+\right] \tag{4-36}$$

在给定功率的限制下，

$$\sum_{i=1}^{n} P_i = P \tag{4-37}$$

由式（4-32）～式（4-37）可以看出，需要求出 λ_i 和注水线 μ 才能得到信道的容量，这里 λ_i 是由信道矩阵的奇异值分解得出，μ 的取值是在式（4-38）的限制下通过迭代算法得到的。对于 M 阶调制，对信噪比量化门限做了以下规定。

$$\gamma_m = \begin{cases} 1.5(2^m - 1)K_0, m \leqslant 8\text{且}m\text{为偶数} \\ (5\times 2^m - 4)K_0\,/\,6, m \leqslant 8\text{且}m\text{为奇数} \\ +\infty, m > 8 \end{cases} \tag{4-38}$$

其中，$K_0 = -\mathrm{lb}(5\,\mathrm{BER}), m = \mathrm{lb}M$。本文调制格式从高到低有 32QAM、16QAM、8QAM、QPSK、BPSK 这 5 个等级，即 M 取值 1、2、3、4、5。根据计算出来的信噪比量化门限的值来自适应分配调制格式。

图 4-17 所示为整个模分复用系统自适应调制优化方案的流程，包含基于注水算法的功率分配和基于量化门限的自适应调制优化。

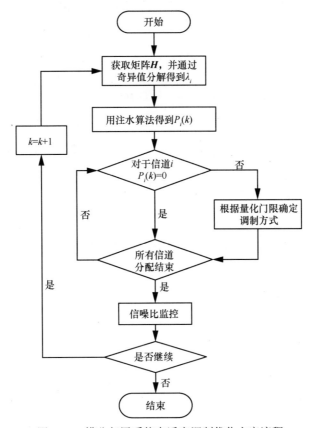

图 4-17 模分复用系统自适应调制优化方案流程

🔍 4.4 本章小结

空分复用是实现未来大规模光传输系统的必经之路。本章首先介绍了空分复用的基本原理，其次对少模光纤模分复用系统进行了重点介绍，包括理论分析、数学建模、系统搭建等，最后对其关键技术进行了梳理。通过将空分复用技术与其他复用技术结合，可大大提升光网络的传输容量。

参 考 文 献

[1] ESSIAMBRE R J, RYF R, FONTAINE N K, et al. Space-division multiplexing in multimode

and multicore fibers for high-capacity optical communication[J]. IEEE Photonics Journal, 2013, 5(2): 1464-1475.

[2] 韩佳巍. 大容量模分复用光传输系统的若干关键技术研究[D]. 北京: 北京邮电大学. 2013.

[3] 陆懿. 多芯光纤特性及其应用研究[D]. 南京: 南京邮电大学, 2016.

[4] HAYASHI T, TARU T, SHIMAKAWA O, et al. Design and fabrication of ultra-low crosstalk and low-loss multi-core fiber[J]. Optice Express, 2011, 19(17): 76-92.

[5] ZHU B, TAUNAY T F, YAN M F, et al. Seven-core multi-core fiber transmissions for passive optical network[J]. Optics Express, 2010,18(11): 11117-11122.

[6] TAKENAGA K, ARAKAWA Y, SASAKI, et al. A large effective area multi-core fiber with an optimized cladding thickness[J]. Optics Express, 2011, 19(26): 543-550.

[7] KURKOVA S, BABIN S A, LOBACH I A, et al. New mechanism of the mode couplingin multi-core fiber lasers[J]. Optics Letters, 2008,33(l): 61-63.

[8] 杨芳, 唐明, 李博睿, 等. 低串扰大模场面积多芯光纤的设计与优化[J]. 光学学报, 2014, (01): 66-70.

[9] 赖俊森, 汤瑞, 吴冰冰, 等. 光纤通信空分复用技术研究进展分析[J]. 电信科学, 2017, (09): 118-135.

[10] WILLNER A E, MOLISCH A F, BAO C, et al. Optical communications using orbital angular momentum beams[J]. Advances in Optics and Photonics, 2015, 7(1): 66-106.

[11] LAI J S, WU B B, ZHAO W Y, et al. Orbital angular momentum technology in optical communication and its application analysis[J]. Telecommunications Science, 2014, 30(5): 46-50.

[12] HARM W, BERNET S, RITSCH-MARTE M, et al. Adjustable diffractive spiral phase plates[J]. Optics Express, 2015, 23(1): 413-421.

[13] SHEN Y, CAMPBELL G T, HAGE B, et al. Generation and interferometric analysis of high charge optical vortices[J]. Journal of Optics, 2013, 15(4): 1-7.

[14] KARIMI E, SCHULZ S A, LEON I D, et al. Generating optical orbital angular momentum at visible wavelengths using a plasmonic metasurface[J]. Light Science and Applications, 2014, 3(5): 167-175.

[15] CAI X, WANG J, STRAIN M, et al. Integrated compact optical vortex beam emitters[J] Science, 2012, 338(6105): 363-366.

[16] HUANG H, REN Y, XIE G, et al. Tunable orbital angular momentum mode filter based on optical geometric transformation[J]. Optics Letters, 2014, 39(6): 1689-1692.

[17] DOERR C R, BUHL L, FONTAINE N K. Efficient multiplexing and demultiplexing of free-space orbital angular momentum usingphotonic integrated circuits[C]//Optical Fiber Communication Conference. Piscataway: IEEE Press, 2012: 6-10.

[18] WANG J, YANG J Y, FAZAL I, et al. Experimental demonstration of 100-Gbit/s DQPSK data exchange between orbital-angular-momentum modes[C]//Optical Fiber Communication Conference. Piscataway: IEEE Press, 2012: 3-7.

[19] HUANG H, YUE Y, YAN Y, et al. Liquid-crystal-on-silicon-based optical add drop multiplexer for orbital-angular-momentum-multiplexed optical links[J]. Optics Letters, 2013, 38(23):

5142-5145.

[20] ELDIN M A, WAHBA H H. Investigation of refractive index profile and mode field distribution of optical fibers using digital holographic phase shifting interferometric method[J]. Optics Communications, 2011, 284(16): 3846-3854.

[21] KOKUBUN Y, KOSHIBA M. Novel multi-core fibers for mode division multiplexing: Proposal and designprinciple[J]. The Institute of Electronics, Information and Communication Electron Express, 2009, 6(8): 522-528.

[22] 李惠. 基于少模光纤的模分复用系统的调制优化技术研究[D]. 北京: 北京邮电大学, 2017.

[23] SERCAN A, DAULET A, JOSEPH M. Effect of mode coupling on signal processing complexity in mode-division multiplexing[J]. Journal of Lightwave Technology, 2013, 31(3): 423-431.

[24] EZRA I, LI M J, BENNETT K, et al. 146λ×6×19-Gbaud wavelength-and mode-division multiplexed transmission over 10×50 km spans of few-mode fiber with a gain-equalized few-mode EDFA[J]. Journal of Lightwave Technology, 2014, 32(4): 790-797.

[25] HAN J W, ZHANG J. Polarization-dependent principal modes of two degenerate LP_{11} modes transmission in few-mode fibers[J]. Optics Letters, 2012, 37(17): 3546-3548.

[26] SAKAGUCHIT J, BENJAMIN J, WERNER K. 19-core fiber transmission of 19×100×172-Gb/s SDM-WDM-PDM-QPSK signals at 305 Tb/s[C]//Optical Fiber Communication Conference. 2012: 30-33.

[27] 顾畹仪. 光纤通信[M]. 北京: 人民邮电出版社, 2010.

[28] 马科斯玻恩, 埃米尔沃尔夫. 光学原理[M], 孙葭荪, 译. 北京: 电子工业出版社, 2007.

[29] ALAMIN A, LI A, CHEN S, et al. Dual-LP_{11} mode 4×4 MIMO-OFDM transmission over a two-mode fiber[J]. Optics Express, 2011, 19(17): 16672-16679.

[30] RANDEL S, RYF R, SIERRA A, et al. 6×56-Gb/s mode division multiplexed transmission over 33-km few mode fiber enabled by 6×6 MIMO equalization[J]. Optics Express, 2011, 19(17): 16697-16707.

[31] 张楷. 少模光纤模分复用系统中的数字信号处理关键技术研究[D]. 北京: 北京邮电大学, 2018.

[32] EZRA I, MING J L, KEVIN B, et al. 146λ×6×19-Gbaud wavelength- and mode-division multiplexed transmission over 10×50-km spans of few-mode fiber with a gain-equalized few-mode EDFA[C] //Optical Fiber Communication Conference. Piscataway: IEEE Press, 2013: 20-23.

[33] 靳文星. 新型少模光纤和多芯光纤的特性及应用研究[D]. 北京: 北京交通大学, 2018.

[34] 李力. 模分复用系统的 MIMO 检测技术研究[D]. 西安: 西安电子科技大学, 2018.

[35] 徐权辉. 模式复用系统的均衡技术研究[D]. 北京: 北京交通大学, 2016.

[36] CLEMENS K, MASSIMILIANO S, DONATE S, et al. Two mode transmission at 2×100 Gb/s, over 40 km-long prototype few-mode fiber, using LCOS-based programmable mode multiplexer and demultiplexer[J]. Optics Express, 2011, 19(17): 16593-16600.

[37] MORIOKA T, AWAJI Y, RYF R, et al. Enhancing optical communications with brand new fibers[J]. IEEE Communications Magazine, 2012, 50(2): 31-42.

[38] HO K, KAHN J. Statistics of group delays in multimode fiber with strong mode coupling[J]. Journal of Lightwave Technology, 2011, 29(21): 3119-3128.

[39] HO K, KAHN J. Mode-dependent loss and gain: statistics and effect on mode-division multiplexing[J]. Optics Express, 2011, 19(17): 16612-16635.

[40] WINZER P. Energy-efficient optical transport capacity scaling through spatial multiplexing[J]. IEEE Photon Technology, 2011, 23(13): 851-853.

[41] ESSIAMBRE R. Impact of fiber parameters on nonlinear fiber capacity[C]//Optical Fiber Communication Conference. Piscataway: IEEE Press, 2011: 11-14.

[42] SAKAGUCHI J, KLAUS W, MENDINUETA J, et al. Realizing a 36-core, 3-mode fiber with 108 spatial channels[C]//Optical Fiber Communication Conference. Piscataway: IEEE Press, 2015: 12-16.

[43] MECOZZI A, ANTONELLI C, SHTAIF M. Coupled manakov equations in multimode fibers with strongly coupled groups of modes[J]. Optics Express, 2012, 20(21): 23436-23441.

[44] YUNG Y, ALAM S, LI S, et al. First demonstration of multimode amplifier for spatial division multiplexed transmission systems[C]//European Conference and Exposition on Optical Communications. Piscataway: IEEE Press, 2011: 1-4.

第 5 章
多维复用技术

多维复用技术是通信领域的研究热点和普遍关注的发展方向，对提高光网络传输容量有极大的意义。本章将首先介绍多维复用光网络的概念，并简单介绍其系统组成；其次重点介绍多维复用光网络的节点交换结构，引出"按需架构"的理念及构建方法；最后介绍软件定义技术应用于多维复用光网络中的可行性，并阐述软件定义多维复用光网络的网络架构，为其组网提供一种新的思路。

5.1　多维复用光网络

随着信息社会的不断发展，云计算、超清视频点播等带宽密集型业务的快速增长对光传输网络的传输容量提出了更高的要求。基于传统单模光纤的波分复用技术已不能满足未来光网络传输需求如图 5-1（a）所示。基于光正交频分复用技术的弹性光网络提高了光网络频谱效率，但由于光纤通信系统中单模光纤的非线性效应，网络传输容量将很快达到极限。尽管灵活栅格技术通过对光纤中的时域资源和频域资源进行深度开发，实现了传输容量的逐步增长，但其提升程度也面临着极限瓶颈。此外，即使采用频谱效率极高的正交频分复用和超奈奎斯特速率调制等技术，由于数字信号处理算法无法完全补偿光纤信道的随机非线性损伤，单模光纤传输容量已逼近香农定理极限，潜在空间几乎为零。

在上述背景下，迫切需要在光纤通信系统中采用新的复用维度以实现信道容量的有效增长。多芯光纤传输、少模光纤传输、轨道角动量模式复用等多种空分复用（SDM）技术成为继单模光纤时代后进一步挖掘光纤容量的有效方式如图 5-1（b）所示。其中基于多芯光纤/少模光纤的空分复用弹性光网络即本书所探讨的多维复用光网络，因其可成倍增加网络传输容量，备受研究者关注和探讨。

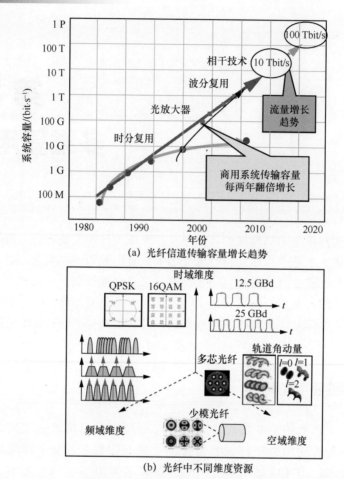

(a) 光纤信道传输容量增长趋势

(b) 光纤中不同维度资源

图 5-1　光网络的传输需求和光纤中不同维度的资源

　　空分复用技术进一步提高了光通信系统容量，针对未来光网络所面临的超大容量需求，未来的光网络也势必朝着时/空/频一体化的方向发展。然而，目前来讲，空域和时域/频域的结合只涉及单纯的点到点传输，只实现了链路容量的增加，并未从根本上满足网络整体扩容的迫切需求。因此，未来为实现面向时/空/频一体化光网络的部署应用，多维复用光网络还面临着如何实现多维光交换节点，如何实现多维网络资源高效管控等问题。

5.2　多维复用光网络系统

　　目前，针对多维复用光网络传输系统，国际上已经开展的研究工作主要集中在大容量、超高速传输与实验验证，以及不同传输模式下传输距离、频谱速率、差错检测技术等方面。

针对多维复用中大容量高速率传输系统搭建问题，文献[1]实现了 6 模 19 芯光纤 360 个信道的超奈奎斯特波分复用信号 9.8 km 传输，创造了 2.05 Pbit/s 容量的光纤传输最高纪录，总的频谱效率达 456 bit·s^{-1}·Hz^{-1}；文献[2]提出了一种新型自由空间耦合系统，它通过结合多芯光纤可使 SDM 信道数扩大至 19，实现了 100-WDM PDM-QPSK 信号的 10.1 km 传输，速率高达 305 Tbit/s。

在光传输差错控制技术方面，文献[3]采用基于 DFB 的激光发射器和 19 芯光纤，实现了基于自零差的传输差错检测机制，并搭建出 210 Tbit/s 自零差 PDM-WDM-SDM 传输系统。该系统除上述提到的发射机/接收机、波分复用器、光放大器、传输光纤、模式复用与解复用等组成部分外，还包括信号调制、通道/纤芯选择等模块。

在多维复用系统光传输器件研究方面，文献[4]通过采用低损耗的模式耦合器和支持 SDM/WDM 组合的少模光纤，实现了 MIMO 传输系统 700 km 超长距离传输。针对多维复用系统中信号模式切换问题，文献[5]提出了一种基于少模倾斜光纤布喇格光栅方法来实现多路复用与解复用、空分复用、波分复用之间的模式转换。下面分别介绍多维复用光网络中几种典型的关键器件[6]。

（1）多模式掺铒光纤放大器

多模式掺铒光纤放大器（EDFA）相对于多个并行使用的单模 EDFA 可以节约更多资源。一个少模 EDFA 可以同时处理多个模式，并且所有纤芯（多芯光纤）或模式（少模光纤）使用一个泵浦光、隔离器和增益平坦滤波器。截至 2018 年，多家研究机构实现了少模放大器，其主要结构都是使用掺杂少模光纤、半导体以及在未掺杂光纤中使用拉曼泵浦[7-12]。

（2）少模波长选择开关

少模波长选择开关可以将一个节点的所有波长分别引导到多个输出端口，它是复杂可重构波长路由系统中的关键器件[13-15]。由于不同模式的模场形状不同，SDM 系统中的波长选择开关存在模式相关的带通频谱特性。模场面积最小的模式带通频谱最窄，模场面积最大的模式带通频谱最宽，因此需要一定的均衡手段进行带通均衡[16]。

（3）模式均衡器

模式均衡器是 SDM 系统中很重要的模式控制器件，该器件主要是补偿少模放大器或模式复用/解复用器输出端输出模式的功率不平衡[17-18]。在 SDM 系统中，模式依赖增益或模式依赖损耗会严重影响传输性能，因此模式均衡器是很有必要的器件。模式复用器和模式均衡器一般都是和模式转换功能相结合，两个功能同时或先后完成。

多维复用传输系统研究的不断更新和发展，对现有的网络交换结构和组网技术提出了新的要求，因此，多维交换节点的实现和针对多维网络的控制和管理方案等方面的问题，也渐渐成为国内外专家和研究者的研究目标。

5.3 多维复用光网络交换技术

本节将介绍多维复用光网络交换结构设计和具体的实现方案。首先介绍多维复用节点交换结构设计面临的三大挑战，然后针对挑战一一给出当前多维复用节点设计已取得的一些研究成果，最后着重介绍将按需构建结构（Architecture on Demand，AoD）节点应用于多维复用光网络中的模块构建方法和算法流程，并通过计算机仿真验证所提算法的性能。

5.3.1 多维复用节点交换结构

图 5-2（a）和图 5-2（b）展示了传统光交换节点与基于时/空/频一体化多维光交换节点的区别。对于多维光交换节点，随着可交换资源维度的增加，节点实现必须克服交换结构复杂、资源形态各异及控制管理困难等一系列挑战如图 5-2（c）所示。

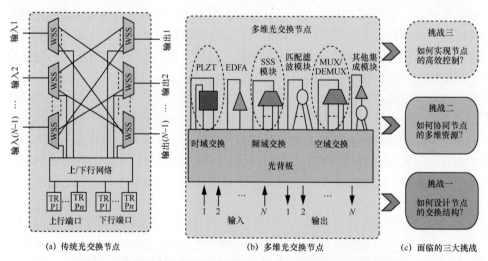

(a) 传统光交换节点　　　(b) 多维光交换节点　　　(c) 面临的三大挑战

图 5-2　传统光交换节点与多维光交换节点的区别及面临的挑战

挑战一：如何设计节点的交换结构？随着光纤资源使用维度的增加（由时域、频域 2 个维度扩展至时域、频域、空域 3 个维度），传统光交换节点将不再适用，亟须设计多维一体化光交换节点。目前来讲，既无多维交换节点结构的模型理论基础，也无相关的多维交换机理可供参考。多维交换模型是攻克时/空/频一体化节点实现的基础理论，设计多维度无阻塞的灵活光交换是实现多维一体化交换的根本手段。如何突破各种限制条件，完成时/空/频一体化多维交换结构的合理建模，是实现多维光交换节点的一大难题。

挑战二：如何协同节点的多维资源？多维一体化光网络中资源以各种维度形式交织共存，资源状态描述与评估异常复杂；在网络承载业务时，资源必须满足多重内在约束条件，加剧了不同资源调配的实现难度；在业务动态建/拆过程中，多样化的带宽需求使得频谱资源不可避免出现碎片，进一步加大了多维资源评估和优化的难度。因此，如何协同节点的多维资源，设计合理的路由与频谱分配策略，找到多维资源相互约束关系及转换规律，为资源静态规划与动态优化提供理论基础，是目前面临的另一难题。

挑战三：如何实现节点的高效控制？空域维度的使用不仅增加了光网络传输层的复杂性，而且对网络层的控制功能提出了更高的要求。通过使用不同空间的频谱资源，网络可以抽象内在的技术细节而创造出多个独立的资源切片，为不同的网络服务进行可编程分配与控制。因此，如何基于时域交换、频域交换以及空域交换的各自特点设计一种具备兼容性、创新性的智能高效控制方案，成为实现多维一体化光节点动态灵活组网亟须解决的关键问题，同时也成为制约未来光网络系统性能提升的关键因素。

针对以上问题，目前国内外已有研究者提出了一些网络架构和交换节点的设计方案。

文献[19]从节点动态灵活配置的角度出发，介绍了 AoD 节点的概念，提出了不同的 AoD 实现算法，并分析比较了 AoD 结构相对于其他结构的显著优势；文献[20-21]从网络资源有效利用的角度，提出了另一种基于空分复用的光交换节点实现方案，并通过相应的软件仿真验证了其对网络资源利用率的提高程度；此外，文献[22]从物理层的角度提出了基于大容量光纤的新型交换节点实现方法，并将其与其他节点实现方法对比，阐明了其方案的优势。

针对不同的应用场景，交换节点结构的设计方案向多样化的趋势发展。例如，针对数据中心光互联应用场景，文献[23]提出了基于空分复用光纤的设计方案，同时讨论了大容量、低功耗光交换节点的实现方法；考虑到不同速率光信号混合传输的网络场景，文献[24]介绍了一种支持信号混合传输的空分复用节点架构，研究了不同速率、不同带宽的光信号对混合传输效率的影响。此外，针对多维光网络场景下，各个纤芯中的频谱隙的频域与空域光交换结构的设计问题，文献[25]提出了设计结构，如图 5-3 所示。

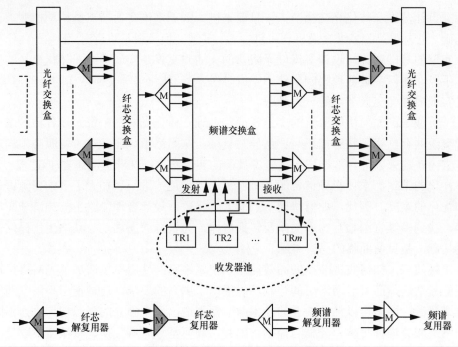

图 5-3　多芯光纤频域与空域光纤交换设计结构

　　频谱隙作为光网络中最重要的资源和带宽基本单元，严格遵循着频谱邻接约束限制条件。因此，端到端服务必须沿着路径使用相同的频谱隙资源。同时，该服务可以由同一纤芯内多个频谱隙承载，这些频谱隙在频域中必须是严格连续的，称为频谱连续性约束限制条件。每个纤芯应采用正交频分复用技术来提高频谱效率。如图 5-4 所示，在光纤交换结构中可以实现光纤、纤芯和频谱的自由切换功能，允许不同信道灵活地添加、丢弃和切换，其粒度可低至波长级别[26]。光收发器资源由收发器池组成，根据流量需求提供适当的子收发器。交换结构中，不同纤芯之间可以实现不同频谱隙的切换，但它们必须遵循频谱连续性约束限制条件，这意味着信号可在保持相同频谱的同时自由地从一纤芯到另一纤芯交换，实际上频谱连续性约束从某种程度来说被自由芯间交换的特性弱化了[27]。

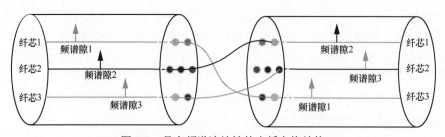

图 5-4　具有频谱连续性的光纤交换结构

　　从上述已取得的成果来看，围绕光交换节点的研究主要集中在低成本和低功耗等性能指标上，对节点的资源交换效率和节点灵活性方面的研究还有所欠缺，也没有提出具有普适性的节点多维资源建模方法，更没有考虑多维资源的虚拟化抽象方法，不能满足未来多维一体化光网络虚拟化需求。

5.3.2　AoD 节点及构建方法

　　在互联网流量需求不断增长的趋势下，保障网络的灵活性、可靠性和可扩展性需要，构建支持网络灵活性技术的弹性光节点架构。上节中提到的节点按需构建结构，相比传统弹性光节点结构，具有"按需定制"的特点，可以提供灵活性来解决现有光节点的局限性。本节将具体介绍将 AoD 概念引入弹性光节点结构的意义，并提出一种基于 AoD 节点的模块构建方法，用于合理选择节点模块，提高网络性能。

　　1. 传统弹性光节点架构

　　针对弹性节点结构所提出的不同的解决方案中，广播选择和频谱路由是通用的弹性光节点架构，它具有足够的灵活性来实现完全弹性的光网络[28-29]。在这些架构中，频谱选择开关（Spectrum Selector Switches，SSS）不仅是主要结构模块，而且也是成本、功耗方面的主导模块。

　　在 EON 或 SDM 中，弹性光节点将对传输信号进行处理，比传统光网络具有更大的灵活性和更精细的粒度。SSS 是 EON、SDM 弹性光节点中最重要的结构模块，它也被称为灵活 WSS 或带宽可变波长选择开关（BV-WSS）如图 5-5 所示。SSS 可以对输入的信号进行任意宽度频谱的滤波处理，并将其切换至任意端口而不需复制信号。SSS 的选择实现了 EON、SDM 的灵活组网。

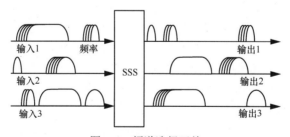

图 5-5　频谱选择开关

　　（1）广播和选择架构

　　使用 SSS 的广播和选择架构可实现弹性光节点，如图 5-6 所示，在广播和选择架构中，输入端口使用分光器，输入信号先在分光器中复制，随后将信号广播到所有输出端口。在每个输出端口上，使用 SSS 选择合适的频谱并通过输出端口发送多路复用信号。虽然这是一种简单而流行的架构，但如果节点规模较大，这样的复制会严重降低传输信号[30]，分光器增加的损耗也将限制整个架构的可扩展性。

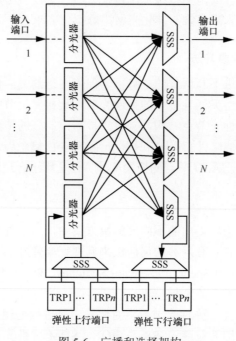

图 5-6　广播和选择架构

（2）频谱路由架构

频谱路由架构是波长路由架构的变体，滤波和切换功能都由 SSS 实现，如图 5-7 所示。在频谱路由架构中，输入信号先被 SSS 在输入端口解复用，而不用进行复制。然后，已解复用的信号被路由到不同的输出端口，并最终通过 SSS 在输出端口多路复用。与广播和选择架构不同的是，频谱路由架构虽然不会使分光器信号降低，但由于 SSS 的数量在输入端增加了一倍，其成本远远高于广播和选择架构，这使得其实现起来更加昂贵。

（3）切换与选择动态功能架构

在切换与选择动态功能架构（如图 5-8 所示）中光学开关用于将输入信号的复制信号引导到特定的 SSS 或提供附加功能的模块 f 中，这些功能模块可能具有频谱碎片整理、时间复用等功能。随后模块的输出信号由 SSS 将输出所需信号过滤至输出端口。除了可以部署单个模块外，也可以部署几个连续的独立模块，每个模块提供不同的功能。新增加的动态功能，是以大端口数的光开关和更大端口数的 SSS 为代价的。

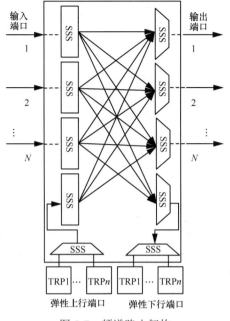

图 5-7 频谱路由架构

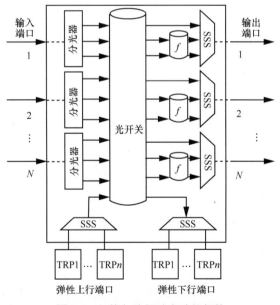

图 5-8 切换与选择动态功能架构

由于 SSS 的端口数量有限，当弹性光节点变得规模庞大且结构复杂时，这些弹性光节点的成本与功耗也会随着 SSS 数量的增加而增加。为了抑制结构模块数量的增加，已经提出了使用小型光交叉连接（Optical Cross-Connect，OXC）作为子系统模块的分层光开关节点架构[31]，但是这种架构对传输成功率有负面影响。因此，有必要建立一个完全不同的节点架构来实现成本和功耗的降低以及传输的成功。

2. AoD 节点

在广播和选择架构、频谱路由架构以及切换与选择动态功能架构中，弹性光节点的成本都将是一个非常重要的问题。当弹性光节点的输入/输出端口的数量很大时，在这些弹性光节点体系结构中需要匹配具有相同端口数量的 SSS。但是，SSS 的端口数量具有一定的限制。为了满足节点结构的要求，SSS 的数量可能将爆发性增长，从而使得弹性光节点的成本也急剧增加。

AoD 概念的引入是为了解决上述传统弹性光节点中由于结构模块硬连线部署而产生灵活性不足的问题[32-34]。AoD 包含一个光学背板，可以将输入端口、输出端口和体系结构模块互连起来。光背板可以用大端口数光开关（例如 3D-MEMS）来实现，并且结构模块可以是用于光处理的单个装置（如 MUX、DEMUX、WSS、SSS 和 EDFA 等）或多个设备组成的子系统，AoD 节点架构如图 5-9 所示。AoD 节点可以根据网对信号切换或处理要求动态重新配置整体结构。这些结构模块是动态配置的，所以可以为节点提供额外的功能。因此，AoD 节点比传统静态光节点架构具有更大的灵活性和可扩展性。

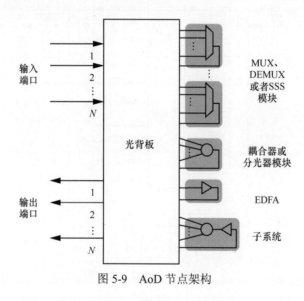

图 5-9　AoD 节点架构

文献[35]根据系统的熵定义了节点体系结构的灵活性，比较了 AOD 节点和 EON 的传统静态节点体系结构，并证明了基于按需架构的解决方案[36]与现有的替代方案（例如 MG-OXC[37]、BV-ROADM[38]等）相比，不仅减少了结构模块的数量，而且具有显著的灵活性、可靠性和可扩展性。文献[39]空/频/时域中的多粒度传输已经通过 AoD 节点和 MCF 进行了演示。实验证明基于 MCF 的 EON 中 AoD 节点具有超过 6 000 倍带宽粒度的巨大灵活性。由此可见，AoD 节点灵活性的优势已经在理论和实验上得到了证明。

AoD 节点的灵活性还可以用来降低光节点的功耗[40]。因为 AoD 节点是根据切换请求动态构建的，所以只需要使用足够的结构模块即可。而传统光节点结构始终需要固定最大数量的硬连接模块，而不是考虑实际业务请求。AoD 节点的使用可以减少结构模块的数量和功耗。文献[19,41]对 AoD 节点的功耗进行了分析。文献[19]中根据切换请求的粒度数值分析了功耗降低的基准。文献[41]中则显示，在动态场景下，用 ILP 模型求 AoD 构建最优解是极其复杂的，所以可以使用启发式算法构建 AoD 节点，最终将网络的总功耗降低 25%以上。

3. 模块预构建算法

虽然 AoD 节点能够提供诸多的优势，但是它依然存在着一些挑战。AoD 节点的高灵活性与高可扩展性与核心结构模块 SSS 的数量有直接的关系，SSS 的数量将会直接影响 AoD 节点的成本及能耗。由于 SSS 成本过高，当前网络中依然大量运用 WSS 来提供网络灵活性。在动态场景下，针对 WSS/SSS 共存的网络如何合理地选择 WSS/SSS 的问题，本节给出了一种解决此问题的模块预构建算法。

（1）WSS/SSS 混合 AoD 节点的节点构建方法

在动态场景下，WSS/SSS 混合 AoD 节点的节点构建方法，是为同一业务进行多条备选路径计算，选择频谱资源最优方案的方法如图 5-10 所示。该方法分为两个步骤，一个步骤是备选路径的计算，另一个步骤是频谱资源最优的选择。

步骤 1　根据请求，集中请求的原宿节点，用 KSP 算法计算出 K 条备选路径，并对它们进行 AoD 预构建，此时将进行选择模块的流程。

步骤 2　对预构建成功的路径，进行资源指标 R_i 的计算。同时，还应满足遍历所有备选路径 $P\{P_1,P_2,\cdots,P_k\}$。此时对所有备选路径的指标 $R\{R_1,R_2,\cdots,R_k\}$ 进行比较，选择 R 值中最小值所对应的路径，确定为最终的 AoD 构建方案，进行节点构建。R_i 满足以下条件。

$$R_i = \frac{S_{\text{all}} + S'_{\text{all}}}{W_{\text{all}}} \tag{5-1}$$

其中，R_i 代表候选路径 P_i 的频谱时隙使用率，W_{all} 是 P_i 的每个链路中频谱时隙的总和，S_{all} 表示 P_i 的每个链路中已经占用的频谱时隙的总和，S'_{all} 表示预构建时 P_i 的每个链路中将占用的频谱时隙总和。

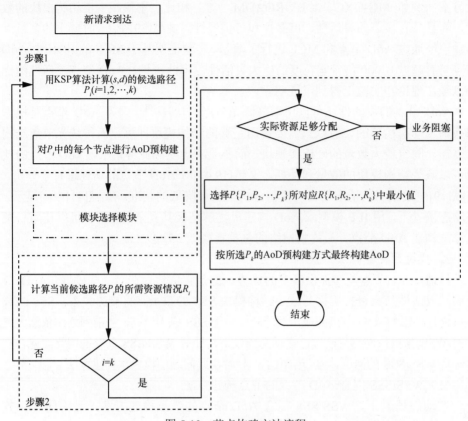

图 5-10 节点构建方法流程

WSS/SSS 混合 AoD 节点的节点构建方法,其目的在于解决 WSS/SSS 共存情况下网络资源利用的问题。用 KSP 算法选择业务路径,为每条可选路径进行预构建,选择出资源利用率最高的路径,减少频谱资源碎片,降低业务的阻塞率,从而提高网络的可靠性。

(2)WSS/SSS 混合 AoD 节点的模块选择方法

在动态场景中,WSS/SSS 混合 AoD 节点的模块选择方法,是将业务类型进行分类,并根据不同的业务类型选择不同的模块方法。该方法共分为 3 个步骤,3 个步骤业务的切换功能从较粗粒度切换到更细粒度(即光纤交换、超波长、单波长和子波长级别),模块选择方法流程如图 5-11 所示。

当业务到达时,先经过节点构建模块的步骤 1,然后依照节点构建流程,依次进行业务分类并选择模块。

步骤 1 检查请求是否为光纤交换请求。检查来自每个输入的所有信号的目的地,在它们全部为相同输出的情况下,直接设置交叉连接。

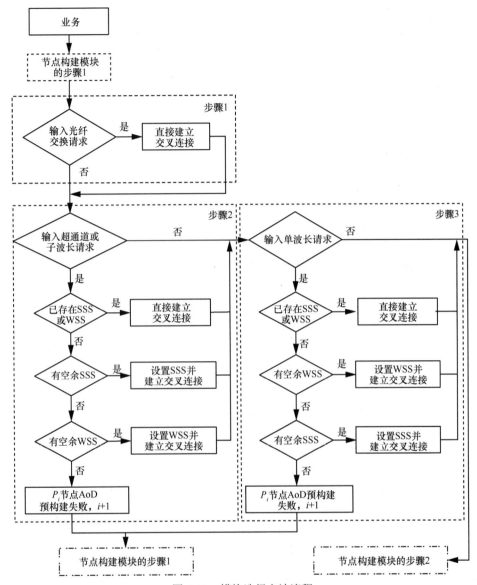

图 5-11　模块选择方法流程

步骤 2　检查请求是否为超波长或子波长请求。检查输入端口处是否已存在 SSS 或 WSS，若存在，则优先使用已有模块；若不存在，则优先考虑放置 SSS（由于 SSS 具备任意带宽交换能力），其次再考虑放置 WSS。若节点处不能为请求提供 SSS 或 WSS，则当前备选路径上 AoD 预构建失败，将返回重新对下一路径进行预构建（即，返回节点构建模块的步骤 1）。

步骤 3　检查请求是否为单波长请求。与步骤 2 中流程类似，优先使用端口处已有模块。不同的是，若没有已存在的模块，则优先考虑放置 WSS，其次考虑放置 SSS。同样，若节点处不能为请求提供 SSS 或 WSS，则当前备选路径上 AoD 预构建失败，将返回重新对下一路径进行预构建（即，返回节点构建模块的步骤1）。

WSS/SSS 混合 AoD 节点的模块选择方法，其目的在于将业务按照不同类型进行分类，为不同的业务分配合适的模块，解决了当前网络中 WSS/SSS 共存的情况下如何选择的问题，提高了模块的利用效率，从而提高了网络中频谱资源的利用率。

（3）模块预构建算法实例

为了更好地说明模块预构建算法，可以参考图 5-12 所示的算法实例。不同的业务如左上角表格中所示。这些业务中包括了不同粒度的业务，如光纤交换、子波长业务、单波长业务和超波长业务。

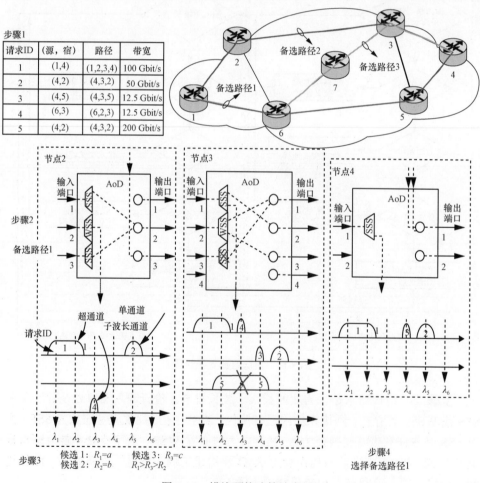

图 5-12　模块预构建算法实例

　　以请求 1 为例，请求 1 中的业务原宿节点对为(1, 4)，此时将先进行 KSP 算法（K=3）选择备选路径，如节点构建方法的步骤 1 所示。之后进行模块选择方法，将分别对备选路径 AoD 预构建。由于这是 100 Gbit/s 的超波长业务，算法将为它配置 SSS。分别计算备选路径 1、2、3 上的资源指标 R_1、R_2、R_3，此时比较 3 条备选路径的资源指标的大小，取最小值。R_1 最小，说明当按照备选路径 1 的路径构建，构建完成后已用资源最少，即剩余可用资源最多。最终选定备选路径 1，按照备选路径 1 的构建方法来配置最终的 AoD 节点功能模块，即备选路径 1 的节点集合(1, 2, 3, 4)中的每个节点都会为其配置 SSS。

　　请求 2 中，这是一个 50 Gbit/s 的单波长业务，其业务原宿节点对为(4, 2)。算法将会为其配置 WSS。具体的构建过程如请求 1，其最终构建的路径为节点集合(4, 3, 2)，且每个节点配置 WSS。

　　请求 3 中，这是一个 12.5 Gbit/s 的子波长业务，其业务原宿节点对为(4, 5)。通过模块预构建算法，备选路径节点集合(4, 3, 5)为最优路径。原则上应该为其配置 SSS，但是如果端口处已经有存在的模块时，可以考虑重复使用该模块。如此，在端口处已经存在请求 2 配置好的 WSS，那么请求 3 将继续使用已配置好的 WSS。

　　请求 4 中，这是一个 12.5 Gbit/s 的子波长业务，其业务原宿节点对为(6, 3)，按照模块预构建算法，备选路径节点集合(6, 2, 3)为最优路径，将为其配置 SSS。

　　请求 5 中，这是一个 200 Gbit/s 的超波长业务，其业务原宿节点对为(4, 2)，按照模块预构建算法，备选路径节点集合(4, 3, 2)为最优路径，应为其配置 SSS。如果没有可以使用的 SSS，则此业务失败。

4. 仿真验证及分析

（1）仿真设置

　　本小节通过计算机仿真来评估所提出的方法。仿真模拟采用了 US 网络，US 网络具有 28 个节点和 45 条链路。每个双向链路假设有 400 个频谱时隙，且每个时隙为 12.5 GHz。100 000 个业务请求服从泊松分布，其带宽要求从 40～400 Gbit/s 随机产生。对于每个业务类型，时隙占用数量总结见表 5-1。业务请求被顺序处理，并且对于每个链接，K 最短径路由算法中 K=3，使用首次适应（First Fit，FF）算法分配。

表 5-1　不同带宽的所需频谱

信道	灵活栅格	频谱隙数量
40 Gbit/s	25 GHz	2
100 Gbit/s	37.5 GHz	3
200 Gbit/s	75 GHz	6
400 Gbit/s	125 GHz	10

　　表 5-2 中设置了不同的流量场景。根据表中所示的需求比例，模块预构建算

法对 4 种不同的流量场景进行对比。在每种情况下，都考虑了不同的业务场景。场景 1 中 4 种业务的比例为 50%、30%、15%、5%，场景 2 中 4 种业务的比例为 10%、50%、30%、10%，场景 1 和场景 2 是侧重于小业务的场景。场景 3 是一个均衡的业务场景，4 种业务分别占比 25%。场景 4 是考验算法性能的大业务场景，4 种业务的比例为 0、40%、40%、20%。这 4 种场景均是统一的流量模型，这意味着流量均匀分布在网络中的所有节点之间。

表 5-2　不同场景中的业务比例

场景	40 Gbit/s	100 Gbit/s	200 Gbit/s	400 Gbit/s
场景 1	50%	30%	15%	5%
场景 2	10%	50%	30%	10%
场景 3	25%	25%	25%	25%
场景 4	0	40%	40%	20%

（2）仿真结果

仿真将所提出的模块预构建算法与对 WSS 或 SSS 模块的 FF 算法进行对比。在不同的场景下，对比两种算法的阻塞率指标。

不同场景下，模块预构建算法与 FF 算法的阻塞率如图 5-13 所示。在 4 种不同的流量场景中，预构建算法均优于 FF 算法。这是因为预构建算法在建立业务连接之初，就先将不同的业务进行分类，对不同业务配置了适合业务特点的 WSS/SSS 模块，且构建了资源指标最优的业务路径。而对于 FF 算法来说，在构建模块时依据首次适应的原则来构建，并不能准确地将业务匹配最适合的模块。所以在同等场景下，模块预构建算法相对于 FF 算法来说，阻塞率能有显著提高。

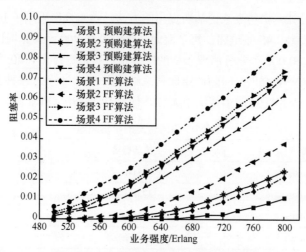

图 5-13　不同场景下不同算法的阻塞率

由图 5-13 中可见，在场景 1 和场景 2 中，模块预构建算法和 FF 算法的表现均优于二者在场景 3 与场景 4 中的表现。这是因为在小业务场景下，业务更容易匹配到最适的 WSS/SSS 模块。SSS 由于自身的高灵活性，可以匹配任何业务。在预构建时，业务不能匹配最佳模块时，考虑模块的重用。小业务场景对于模块的 WSS 重用代价更小，而大业务场景对于 WSS 模块的重用，可能会带来频谱资源的短缺，导致业务阻塞更加严重。这也是场景 3 和场景 4 中，阻塞率增高的原因。

在场景 3 中，模块预构建算法与 FF 算法不同业务的阻塞率如图 5-14 所示。场景 3 是均衡业务的场景，该场景中更能发现哪种业务对于阻塞率的影响更大。从图中不难发现，模块预构建算法对于不同业务的性能表现均优于 FF 算法。两种算法对小业务的性能表现更优，对 400 Gbit/s 的大业务性能表现更差。同时，网络中业务的阻塞率均随着流量负载的增加而增加，主要原因是网络中的大带宽波长业务的数量的增加，使频谱资源占用增多，导致了阻塞率增高。不仅如此，模块的匹配程度与重用代价同样决定了性能的表现。

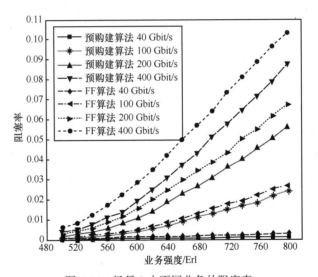

图 5-14　场景 3 中不同业务的阻塞率

图 5-15 和图 5-16 分别表示了在不同场景中，K 最短路径路由算法中 K 值对模块预构建算法和 FF 算法性能的影响。从结果上看，$K=3$ 时是两个算法效果最好的情况，这是由于算法中对候选路径的资源情况进行了预先的比较，选择出最优的资源指标情况来构建 AoD 模块。由此可推论出，如果 K 值增大，算法效果会更佳。从图 5-15、图 5-16 也能看出，对于小业务场景，K 值的增加对于性能的提升更加明显。这是因为 K 值的增加，为模块构建选路时提供了更多种的可能，从而可以从更多的候选路径中选取效果最佳路径，提升频谱资源的利用率，减少

频谱资源碎片的产生。而在大业务场景中，业务所占频谱资源较多，尽管 K 值能提供多种选择，但可能各候选路径的资源情况相对接近。整体来说，K 值的增大可以带来性能的部分提升。

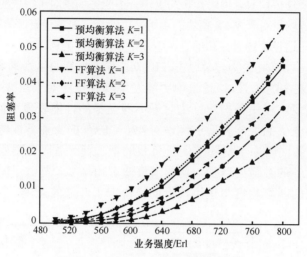

图 5-15　场景 2 下不同 K 值的阻塞率

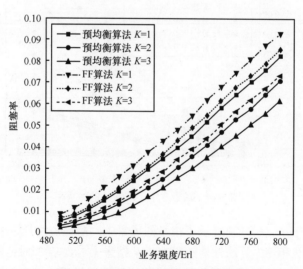

图 5-16　场景 3 下不同 K 值的阻塞率

图 5-17 和图 5-18 表示的是，在第 4 种流量场景下，AoD 节点中 WSS 与 SSS 数量的比列关系对网络中的阻塞率的影响。从图 5-17 中可以发现，WSS 对于小业务来说是比较适配的，SSS 对大业务的影响更加明显。网络的阻塞率随着节点

中 SSS 数量的增多而减小，这是因为 SSS 可以提供更多的灵活性，让更多的大带宽超波长业务配置成功。而 WSS 适配大业务时，会使资源占用增多，产生频谱资源上的负面影响。

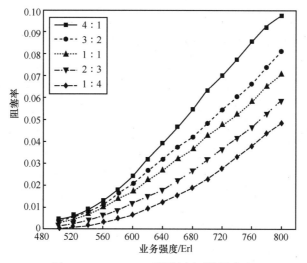

图 5-17　WSS/SSS 不同比例下的阻塞率

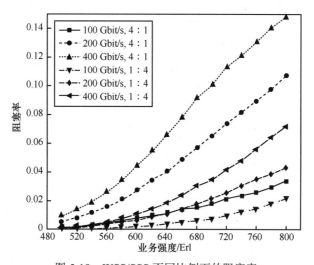

图 5-18　WSS/SSS 不同比例下的阻塞率

图 5-18 是不同模块比例下，不同业务的阻塞率情况。这进一步反映出 SSS 的数量对超波长业务的直接影响，对于网络中大量使用 WSS 提供灵活性的现状，可提供一些提升网络性能的思路。同时也可以表明在 WSS/SSS 共存网络

中，在保证一定的灵活性的前提下，在成本允许的范围内，可以采用逐步升级的方式对 AoD 节点进行升级，也为 AoD 节点的构建与升级问题提供了一种解决思路。

5.4 多维复用光网络组网技术

多维复用光网络的资源层级由传统光网络的时域、频域扩展为多维光网络的时域、频域以及空域。资源由二维扩展到三维，相应的控制问题更加复杂。如何高效管理并精细化调度各个维度的资源是多维复用光网络面临的突出难题。软件定义光网络技术可以实现逻辑上集中控制，能够支持控制器获得网络资源的全局信息，并根据业务需求进行资源的全局调配和优化，其网络拓扑资源抽象功能可以将收集到的网络拓扑信息映射为逻辑拓扑信息，简化拓扑信息传递和管理的数据量，从而实现网络资源的高效管理和调度，为多维复用光网络的控制和管理提供新的思路。

5.4.1 软件定义光网络

软件定义光网络（Software Defined Optical Network，SDON）是指光网络的结构和功能可根据用户或运营商需求，利用软件编程的方式进行动态定制，从而实现快速响应请求、高效利用资源、灵活提供服务的目的。SDON 可以为各种光层资源提供统一的调度和控制能力，根据用户或运营商需求，利用软件编程方式进行动态定制，重点解决功能扩展的难点，满足多样化、复杂化需求，其核心在于光网络元素可编程，包括业务逻辑可编程、控管策略可编程和传输器件可编程。光层和电层属性不同，SDON 是对 SDN 技术在光层上的扩展，以满足光网络的特殊需求，可支持弹性资源切片虚拟，因此更加适合多层域多约束的光网络控制，可有效提高运维效率并降低成本。SDON 通过开放的南北向接口实现了业务的灵活接入与硬件的统一控制，形成了以控制器为核心的控制平面模式。其典型架构如图 5-19 所示。

软件定义光网络具备 3 大基本特征：控制与传送分离、逻辑集中控制和开放控制接口。

① 控制与传送分离。通过将控制与传送设备分离，在控制层中屏蔽光传送网设备层细节，简化现有光传送网络复杂和私有的控制管理协议。控制层和传送设备之间通过传送控制接口（D-CPI）进行通信。

② 逻辑集中控制。为达到全网资源的高效利用，SDON 需要将控制功能和策略控制进行集中化。与本地控制相比，集中控制可以掌握全局网络资源，进行更优化的决策控制，提高光传送网络的智能调度和协同控制能力。

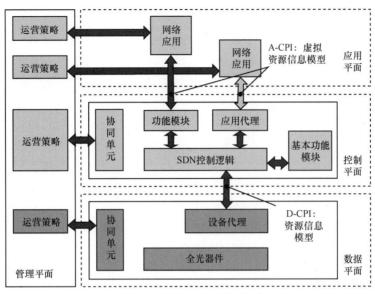

图 5-19 SDON 分层架构

③ 开放控制接口。通过标准的网络控制接口，向外部业务应用开放网络能力和状态信息，允许业务层开发软件来控制传送网资源，并对传送网进行监视和调整，以满足光传送网业务灵活快捷提供、网络虚拟化、网络和业务创新等发展需求。

5.4.2 软件定义光网络核心使能技术

SDON 的核心使能技术包含以下几个方面。

1. 开放灵活的业务编排

随着光网络技术的不断发展，网络业务呈现出多样化的趋势。一方面，光网络需要承载话音、上网业务等传统的电信级业务，这些业务占据了大量的光网络资源，且灵活性很差。另一方面，随着数据中心方向的深入，光网络面对的不再是简单的"客户"到"服务器"的连接请求，而更多是面向"服务器"到"服务器"连接提供，这种业务形式需要光网络能够具备多用户并发访问，以及快速的业务服务能力。特别是网络虚拟化技术的发展，网络操作者能够根据不同用户的需求，如 QoS、时延、带宽等，设计并提供不同的虚拟网络给用户。

在现有网络架构下，当服务提供需要增加新的业务时，运营商需要人工修改运营支撑系统，当业务种类更新换代频繁时，笨拙的运营支撑系统将成为新业务快速上线的"绊脚石"。所以，光网络需要具备强大的业务编排能力。开放灵活的业务编排是 SDON 的灵魂。SDON 将网络应用部署与特定的网络环境解耦合，不同的应用程序通过统一的北向接口（如 RESTful 接口），实现业务灵活、快速的接入。

2. 异构互联与多域控制

光网络和 IP 网络作为骨干承载网络的两个层面，多年来一直独立发展，二者的联系仅集中在光层为 IP 层提供静态配置的物理链路资源，IP 层看不到光层的网络拓扑和保护能力；光层也无法了解 IP 层的动态业务连接需求。基于 IP 与光的多层异构网络互联一直以来是通信网络研究的重点。

从大规模光组网开始，多域性一直是光网络研究不可避免的研究点，主要体现在两个方面：同一运营商不同地域之间的网络互联，以及不同运营商之间的网络互联。由于设备接口、网络部署的差异性，导致了不同运营商之间互联困难，特别是针对跨地域、跨运营商的资源调度突显出灵活性很差的特点。

软件定义光网络能够有效地解决多层、多域异构网络之间的互联互通问题[42]。2014 年 ONF 下设的光传送网络工作组提出了面向对象的交互控制接口（Control Virtual Network Interface，CVNI），可以实现异构多域网络信息抽象化和跨域网络控制集成化，从而在异构与多域网络之间建立起具备统一控制能力的新型异构网络体系架构。不同设备商的单域控制器通过 CVNI 与运营商的多域控制器相连，该接口有效屏蔽了底层不同运营商网络对各自设备的控制方式，实现了物理资源的统一调配。跨层资源联合调度与优化是 SDON 的关键，通过将不同的网络资源，如带宽、连接状态等进行逻辑抽象，形成有别于物理形态存在的虚拟网络资源，并将这些虚拟资源提供给上层应用。

3. 可编程光传输与交换

可编程的光传输与交换设备是 SDON 的核心，是数据平面实现软件控制的保障。随着软件定义光学的发展，光纤通信系统中的模块与器件性能具备了可调谐能力。光收发机的波长、输入输出功率、调制格式、信号速率、前向纠错码类型选择等，以及光放大器的增益调整范围等参数都可以实现在线调节[43]。光路已经发展成为物理性能可感知、可调节的动态系统，从而实现光层智能。此外，光网络正朝着带宽粒度更精细化的方向发展，灵活栅格技术的出现打破了传统波长通道固定栅格的限制，可以实现"四无"（无色、无向、无栅格、无阻塞）光交换。波长间隔无关的可编程 ROADM 技术在全光交换过程中的应用打破了传统波长通道 50 GHz、100 GHz 的间隔划分，可支持全光汇聚与疏导，为实现高谱效率、速率灵活的光路配置和带宽管理提供了全新思路。

发展软件编程的光路交换技术，满足灵活栅格分配的要求，提出大容量、多维度、多方向的全光分插复用节点方案，设计具备方向无关、波长无关、竞争无关和栅格无关等特征的高度可重构节点交换结构，并通过采用高性能的可编程光路选择滤波集成组件等技术，支持不同间隔和码型光信号的可编程传输和交换。2013 年 12 月，ONF 白皮书给出了 SDON 的南向接口建议，即控制数据平面接口（Control Data Plane Interface，CDPI），实现了光网络底层传输和交换设备的统一可编程控制。

SDON 是对光网络智能化的延伸与增强，代表光网络的控制平面由单纯的交换智能向同时考虑业务智能、传输智能的综合方向发展。为了适应这一角色的变革，软件定义光网络需要在业务编排策略、异构网络互联，以及可编程光传输及交换设备等关键技术上实现突破。

5.4.3　软件定义多维复用光网络组网技术

软件定义多维复用光网络架构如图 5-20 所示[44]。其主要包括传输层、控制层和应用层。

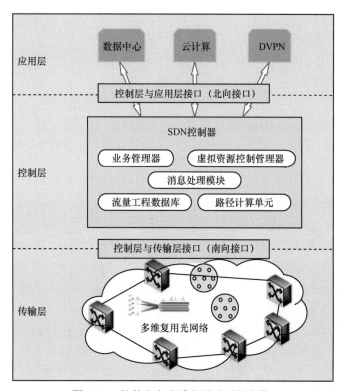

图 5-20　软件定义多维复用光网络架构

1.　控制层

控制层的主要功能是通过南向接口控制传输层的多维网络资源，并通过北向接口向应用层开放网络能力。控制层支持在多域、多技术、多层次和多厂商的多维复用光网络中实现连接控制、网络虚拟化、网络优化、集中以及提供第三方应用的能力。控制层提供对各种网络资源的控制能力，并支持跨多层网络的控制能力，实现多层的资源优化。SDN 控制器是对物理层资源实施控制，并通过标准接口开放网络控制能力的软件实体，可以由分布在不同物理平台上的任意数量的软件模块实现。当采用分布的软件模块实现 SDN 控制器时，应保证各组件之间信息和状态的同步和一致性。为实现软件定义多维复用网络架构的扩展性，SDN 控制层支持控制器之间通过分层迭代方式构成层次化控制架构。由下层控制器分别控制不同的网络域，并通过更高层次的控制器负责域间协同，实现分层分域的逻辑集中控制架构。各层控制器是客户与服务层关系，各层控制器之间的接口通过控制器层间接口（I-CPI）进行交互。

2. 南北向接口及功能描述

（1）南向接口协议

控制器南向接口是控制器和多维复用光网络传输层设备之间的接口。控制器通过南向接口完成配置、状态、告警和性能管理功能。与传统的设备管理南向接口相比，控制器南向接口关注与业务配置管理相关的资源及资源状态、告警和性能管理功能。

控制器南向接口实现的功能主要包括以下内容。

① 控制器可通过南向接口获取本地网络的拓扑和资源信息。

② 通过南向接口，控制器可完成本地网络连接和业务相关的控制功能，包括业务和链路的建立、删除、调整、QoS 和保护等参数的配置、链路的保护恢复控制等。

③ 控制器获取本地网络的告警信息。

④ 控制器获取本地网络的性能信息。

考虑到多维复用光网络资源层级复杂，相应的流表项也与波分/频分复用网络不通，因此需要对南向 OpenFlow 协议进行扩展，增加纤芯/模式等空间信息。且目前光传送网设备（特别是光层设备）南向接口存在较多私有信息，控制器与传输层设备之间的南向接口允许存在多种协议选择。SDN 南向接口可采用以下接口协议。

① OpenFlow 协议。OpenFlow 多维光网络扩展协议应支持多维光网络设备的资源上报、链路配置、保护等功能。

② OF-Config 协议。OF-Config 可作为 OpenFlow 协议的补充，用于配置支持 OpenFlow 的网络设备。OF-Config 采用 NETCONF 作为传输协议并为该网络协议定义了数据模型。

③ 传统管理协议。如 Qx、SNMP、TL1 等协议。

（2）北向接口协议

控制器北向接口应支持的基本功能包括网络拓扑获取、业务请求和发放、连接控制、通道计算和虚拟网络服务等。

北向接口信息模型应支持与技术无关（基于 Internet）的信息模型，以及与技术相关的信息模型。虽然不同的复用技术可能具有不同的信息模型内容，但是这些技术所共有的一些信息模型应该是一致的。采用不同的信息模型会增加北向接口的复杂度，降低接口互操作性和可扩展性。这个公共的信息模型称为通用信息模型（ONF TR-513）。通用信息模型采用通用建模语言 UML 定义，数据模型通过 YANG（IETF RFC6020）描述，信息模型与北向接口实现所采用的具体接口协议无关。ONF TR-513 定义了通用信息模型，包含与具体网络技术无关的核心信息模型（ONF TR-512）和与特定技术相关的信息模型。

北向接口应使用当前成熟的 IT 开发接口模式，遵循 REST 风格。为满足控制器接口的通知功能，北向接口协议应采用 IETF draft-ietf-netconf-restconf-07 定义的 RESTconf 协议。为满足北向接口的通知功能，控制器接口应支持通知类型查询、通知订阅、通知上报、通知暂停、通知恢复和通知取消等功能。RESTconf 协议支持 YANG 模型定义的通知事件，RESTconf 用户通过订阅相应通知消息的资源的 URL，收到通知消息。北向接口协议可采用 RESTconf 协议实现上述功能。北向接口通信内容编码应采用 JSON 或 XML 格式，分别符合 RFC7159 和 RFC3032 的规范。

（3）多维光交换节点代理

在软件定义光网络中，网络控制功能从节点剥离。光交换节点只需要根据集中控制器下发的流表进行相应的转发动作，这极大地简化了节点的功能，更有利于网络管控系统的升级与网络的灵活扩展。光交换节点需要配置支持 OpenFlow 协议的代理模块，通过代理模块将节点自身的资源状态信息上报集中控制器，接收并解析集中控制器下发的流表，生成相应的转发规则，指导硬件控制模块执行相应的数据转发操作。

在软件定义光网络中，集中控制器收集各个节点的资源状态信息，抽象形成虚拟网络资源池。在接收到网络服务请求后，根据全网络资源状态信息，动态计算路由并分配与需求相匹配的网络资源。上述资源配置信息通过南向接口的 OpenFlow 协议下发到节点。节点代理解析配置指令，指导配置相应的转发设备。

🔍 5.5　本章小结

多维复用光网络是继单模光纤后，将多芯光纤传输、少模光纤传输、轨道角动量模式复用等多种空间维度复用技术与波分、时分复用结合而形成的新型网络结构。本章首先介绍了多维复用光网络的概念及提出背景，然后介绍了其系统组成及关键器件，最后阐述了多维复用光网络中的两类关键技术：交换技术及组网技术。在交换技术中，重点介绍了多维交换节点设计及其构建方法；在组网技术中，着重介绍了软件定义多维复用光网络组网架构及其使能技术。

参 考 文 献

[1] SOMA D, IGARASHI K, WAKAYAMA Y, et al. 2.05 Peta-bit/s super-nyquist-WDM SDM transmission using 9.8-km 6-mode 19-core fiber in full C band[C]//European Conference on Optical Communication (ECOC). Piscataway: IEEE Press, 2015, 1-3.

[2] SAKAGUCHI J, PUTTNAM B J, KLAUS W, et al. 19core fiber transmission of 19×100×172-Gb/s SDM-WDM-PDM-QPSK signals at 305Tbit/s[C]//The National Fiber Optic Engineers Conference on Optical Fiber Communication Conference and Exposition (OFC/NFOEC). Piscataway: IEEE Press, 2012: 1-3.

[3] PUTTNAM B J, MENDINUETA J M D, SAKAGUCHI J, et al. 210 Tb/s self-homodyne PDM-WDM-SDM transmission with DFB lasers in a 19-core fiber[C]//Photonics Society Summer Topical Meeting Series. Piscataway: IEEE Press,2013 : 95-96.

[4] RYF R, MESTRE M A, RANDEL S, et al. Combined SDM and WDM transmission over 700-km few-mode Fiber[C]//Optical Fiber Communication Conference and Exposition and the National Fiber Optic Engineers Conference (OFC/NFOEC). Piscataway: IEEE Press, 2013: 1-3.

[5] LI Y, LI J, PAN M, et al. Mode multiplexing and de-multiplexing using few-mode tilted fiber Bragg grating for SDM-WDM transmission system[C]//IEEE International Conference on Communication Systems (ICCS). Piscataway: IEEE Press, 2014: 278-282.

[6] 曾星琳. 多维复用光纤通信系统若干关键技术研究[D]. 北京: 北京邮电大学, 2018.

[7] JUNG Y, LIM E L, KANG Q, et al. Cladding pumped few-mode EDFA for mode division multiplexed transmission[J]. Optics Express, 2014, 22(23): 29008-29013.

[8] ABEDIN K, TAUNAY T F, FISHTEYN M, et al. Cladding-pumped erbium-doped multicore fiber amplifier[J]. Optics Express, 2012, 20(18): 20191-20200.

[9] CASTRO C, CASTRO C, JUNG Y, et al. 32core erbium/ytterbium-doped multicore fiber amplifier for next generation space-division multiplexed transmission system[J]. Optics Express, 2017, 25(26): 32887-32896.

[10] JIN C, UNG B, MESSADDEQ Y, et al. Annular-cladding erbium doped multicore fiber for SDM amplification[J]. Optics Express, 2015, 23(23): 29647-29659.

[11] SAKAGUCHI J, PUTTNAM B J, KLAUS W, et al. 305 Tb/s space division multiplexed transmission using homogeneous 19-core fiber[J]. Journal of Lightwave Technology, 2013, 31(4): 554-562.

[12] THEEG T, SAYINC H, NEUMANN J, et al. Pump and signal combiner for bi-directional pumping of all-fiber lasers and amplifiers[J]. Optics Express, 2012, 20(27): 28125-20141.

[13] CARPENTER J, LEON-SAVAL S G, SALAZAR-GIL J R, et al. 1×11 few-mode fiber wavelength selective switch using photonic lanterns[J]. Optics Express, 2014, 22(3): 2216-2221.

[14] FONTAINE N, RYF R, LIU C, et al. Few-mode fiber wavelength selective switch with spatial-diversity and reduced-steering angle[C]//Optical Fiber Communications Conference and Exhibition. Piscataway: IEEE Press, 2014: 1-3.

[15] MAROM D M, DUNAYEVSKY J, SINEFELD D, et al. Wavelength-selective switch with direct few mode fiber integration[J]. Optics Express, 2015, 23(5): 5723-5737.

[16] FONTAINE N, RYF R, NEILSON D T, et al. Fiber-port-count in wavelength selective switches for space-division multiplexing[C]//European Conference on Optical Communication. Piscataway: IEEE Press, 2013: 1-3.

[17] BLAU M, WEISS I, GERUFI J, et al. Variable optical attenuator and dynamic mode group equalizer for few mode fibers[J]. Optics Express, 2014, 22(25): 30520-30527.

[18] JUNG Y, ALAM S U, RICHARDSON D J, et al. All-fiber spatial mode selective filter for compensating mode dependent loss in MDM transmission systems[C]//Optical Fiber Communications Conference and Exhibition. Piscataway: IEEE Press, 2015: 1-3.

[19] GARRICH M, AMAYA N, ZERVAS G S, et al. Architecture on demand design for high-capacity optical SDM/TDM/FDM switching[J]. IEEE/OSA Journal of Optical Communications and Networking, 2015, 7(1): 21-35.

[20] SIRACUSA D, PEDERZOLLI F, KLONIDISZ D, et al. Resource allocation policies in SDM optical networks (Invited paper)[C]//International Conference on Optical Network Design and Modeling (ONDM). Piscataway: IEEE Press, 2015:168-173.

[21] MAROM D, DAN M, MIRI BLAU, et al. Switching solutions for WDM-SDM optical networks[J]. IEEE Communications Magazine, 2015, 53(2): 60-68.

[22] RYF R, CHANDRASEKHAR S, RANDEL S, et al. Physical layer transmission and switching solutions in support of spectrally and spatially flexible optical networks[J]. IEEE Communications Magazine, 2015, 53(2): 52-59.

[23] SHUANGYI Y, HUGUES-SALAS E, RANCAŇO V J F, et al. Archon: A function programmable optical interconnect architecture for transparent intra and inter data center SDM/TDM/WDM networking[J]. Journal of Lightwave Technology, 2015, 33(8): 1586-1595.

[24] MELONI G, FRESI F, IMRAN M, et al. Software-defined defragmentation in space division multiplexing with quasi-hitless fast core switching[J]. Journal of Lightwave Technology, 2016, 34(8): 1956-1962.

[25] ZHAO Y, HAN J, TAN Y, et al. Mode and wavelength allocation in multi-dimensional optical networks[C]//Asia Communications and Photonics Conference. Piscataway: IEEE Press, 2014: 1-3.

[26] 朱睿杰. 多维资源光网络虚拟化技术研究[D]. 北京: 北京邮电大学, 2017.

[27] MUHAMMAD A, ZERVAS G, SIMEONIDOU D, et al. Routing, spectrum and core allocation in flexgrid SDM networks with multi-core fibers[C]//International Conference on Optical Network Design and Modeling. Piscataway: IEEE Press, 2014: 192-197.

[28] KOZICKI B, TAKARA H, TSUKISHIMA Y, et al. Experimental demonstration of spectrum-sliced elastic optical path network (SLICE)[J]. Optics Express, 2010, 18(21):

22105-22118.

[29] COLLINGS B. The next generation of ROADM devices for evolving network applications[C]// European Conference on Optical Communication (ECOC) Exhibition. Piscataway: IEEE Press, 2011: 1-3.

[30] MOREA A, RENAUDIER J, ZAMI T, et al. Throughput comparison between 50-GHz and 37.5-GHz grid transparent networks[J]. Optical Communications and Networking, 2015, 7(2): 293-300.

[31] ISHIDA H, HASEGAWA H, SATO K, et al. Hardware scale and performance evaluation of a compact subsystem modular optical cross connect that adopts tailored add/drop architecture[J]. Journal of Optical Communications and Networking, 2015, 7(6): 586.

[32] FUJII S, HIROTA Y, TODE H, et al. On-demand routing and spectrum allocation for energy-efficient AoD nodes in SDM-EONs[J]. IEEE/OSA Journal of Optical Communications and Networking, 2017, 9(11): 960-973.

[33] MIKAC B, DZANKO M, FURDEK M, et al. Availability aspects of self-healing optical nodes designed by architecture on demand[C]//16th International Conference on Transparent Optical Networks (ICTON). Piscataway: IEEE Press, 2014 : 1-4.

[34] FUJII S, HIROTA Y, WATANABE T, et al. Dynamic spectrum and core allocation with spectrum region reducing costs of building modules in AoD nodes[C]//16th International Telecommunications Network Strategy and Planning Symposium (Networks). Piscataway: IEEE Press, 2014: 1-6.

[35] AMAYA N, ZERVAS G, SIMEONIDOU D. Introducing node architecture flexibility for elastic optical networks[J]. Journal of Optical Communications and Networking, 2013, 5(6): 593-608.

[36] GARRICH M, AMAYA N, ZERVAS G S, et al. Architecture on demand: Synthesis and scalability[C]//16th Int. Conf. on Optical Network Design and Modeling (ONDM). Piscataway: IEEE Press, 2012 : 1-6.

[37] WANG Y , CAO X. Multi-Granular optical switching: a classified overview for the past and future[J]. IEEE Communications Surveys and Tutorials, 2012, 14(3): 698-713.

[38] JINNO M , TAKARA H , KOZICKI B, et al. Spectrum-efficient and scalable elastic optical path network: architecture, benefits, and enabling technologies[J]. IEEE Communications Magazine, 2009, 47(11): 0-73.

[39] AMAYA N, IRFAN M, ZERVAS G, et al. Fully-elastic multi-granular network with space/frequency/time switching using multi-core fibres and programmable optical nodes[J]. Optics Express, 2013, 21(7): 8865-8872.

[40] GARRICH M, AMAYA N, ZERVAS G S, et al. Power consumption analysis of Architecture on Demand[C]//38th European Conference and Exhibition on Optical Communications. Piscataway: IEEE Press, 2012: 1-3.

[41] MUHAMMAD A, ZERVAS G, AMAYA N, et al. Introducing flexible and synthetic optical networking: Planning and operation based on network function programmable ROADMs[J]. Optical Communications and Networking, 2014, 6(7): 635-648.

[42] YU Y, LIN Y, ZHANG J, et al. Field demonstration of datacenter resource migration via multi-domain software defined transport networks with multi-controller collaboration[C]//OFC. Piscataway: IEEE Press, 2014: 1-3.

[43] CARVALHO H, MAGALHÃES E C, ALABARCE M G, et al. SDN dual-optimization application for EDFAs and WSS-based ROADMs[C]//OFC. Piscataway: IEEE Press, 2015: 1-3.

[44] 黄海彬. 基于软件定义的多维光网络虚拟化技术研究[D].北京: 北京邮电大学, 2018.

第6章
多维复用光网络路由与频谱分配技术

多维复用光网络成倍地增加了系统的传输容量[1]。然而，由于采用了多种复用技术（包括时分复用[2-5]、波分复用[6-10]、空分复用[11-17]等），使其也面临诸多挑战，最典型的挑战就是路由与频谱分配问题。在多维复用光网络中，随着频谱资源粒度朝着更细化的方向发展，光网络资源的实体由波长向频谱转变，网络状态的描述参数种类也进一步增加，这个问题进一步延伸到时域维度及空域维度，使得频谱资源分配与管理难度进一步提高，最终带来路由与频谱分配过程复杂度成倍增加[18]。

🔍6.1 路由与频谱分配问题

路由与频谱分配（RSA）问题是指在网络中通过选择路由和分配频谱资源来为给定的连接请求集合建立光路，从而使得指定的性能指标达到最优[19-40]。这一问题学术研究较多，通常依据业务需求时间属性将 RSA 问题分为静态 RSA 问题和动态 RSA 问题。

静态 RSA 问题指在预知业务矩阵的前提下，从全局的角度，最优地为各业务分配路由和频谱资源，以达到所有光路所需频谱数最少或者在指定频谱数量前提下建立的光路数最大。在考虑频谱一致性约束条件的前提下，静态 RSA 问题一般可使用整数线性规化模型精确描述。

动态 RSA 问题指的是为实时到达网络的连接请求建立光路并在一段持续时间后拆除该光路，动态 RSA 算法的目标是降低网络阻塞率。在动态情况下同时考虑路由计算和频谱分配非常困难，因此，为了降低问题的复杂度，动态 RSA 问题通常被分解为路由计算和频谱分配两个子问题。

1. 路由计算

在路由计算过程中，常用的路由算法主要包括 3 种：固定路由算法、固定备选路由算法和自适应路由算法。在这 3 种算法中，固定路由算法复杂度最低，网络阻塞率性能最差；自适应路由算法复杂度最高，网络阻塞率性能最优；固定备选路由算法在复杂度和阻塞率性能方面相对其他两种算法比较平衡。

固定路由算法对于给定的源节点和目的节点，总是选择离线计算的固定路由。典型固定路由算法为固定最短路由算法，即对网络中所有源-宿节点对，使用标准最短路径算法（D 算法或 Bellman-Ford 算法）离线计算出最短最优路径，对于任意在两节点之间的连接请求，总是选择预先计算的最短路径。固定路由算法复杂度低，其缺点是如果预先设定的固定路由上无可用频谱分配，则业务请求受阻，这潜在地提高了动态场景下网络的阻塞率。

固定备选路由算法在离线路由计算中按照优先级顺序考虑多个路由，在备选路由算法中，网络中每一个节点维护一张路由表，路由表对于每一个目的节点，记录了一定数量的有优先级顺序的固定路由。例如，这些路由可能包括最短路径、次短路径等。其中，在节点 s 的路由表中，以 s 作为源节点到目的节点 d 之间的路径序列中第一个路由被定义为节点 s 与节点 d 之间的主要路由。同理，其他路由被定义为节点 s 与节点 d 之间的次要路由，次要路由与主要路由之间的链路不共享。这里，使用术语“备用路由”来表述所有从源节点 s 到目的节点 d 之间的路由（包括主要路由）。当一个连接请求到达源节点时，针对目的节点，其按顺序搜寻备用路由，直到在此路由上有满足需求的频谱资源可以分配。如果在全部路由序列中都没有找到合适的频谱进行分配，则该业务受阻。固定备选路由算法与固定路由算法相比，能够显著降低阻塞率。

自适应路由算法根据网络当前性能，动态计算并选取源节点到目的节点的路由。自适应路由算法中的最短权值路由算法，非常适用于具有频谱变换能力光网络的路由计算。在该算法中，网络中空闲链路的权值设置为单位 1，网络中被占用链路的权值设置为无穷大，每个具备频谱转换能力的链路权值设置为单位 C。若该网络不具备频谱变换能力，则 C 为无穷大。当连接请求到来时，根据网络当前状态，选择源节点和目的节点之间的计算权值最小路径。通过调节频谱转换开销 C，可保证当频谱一致，路径不满足条件时选择频谱可变路径，当所有路由都不存在可用频谱时，该业务受阻。自适应路由算法优点在于与固定备选路由算法相比，其阻塞率进一步降低。

2. 频谱分配

在静态场景中，频谱分配指的是对于给定的路由集合，为集合中每一条路由的光纤链路分配相同的频谱资源，且保证不同的路由所占用的频谱资源互不相同。本小节着重考虑动态场景，动态频谱分配算法主要包括以下几种启发式算法。

① 随机分配（Random Fit，RF）算法：通过搜寻频谱空间，找到所需路由上的可用频谱集，在可用频谱集中，随机选择一条频谱进行频谱分配。

② FF 算法。当在指定路由上搜寻可用频谱集时，选择频谱标号最小的频谱

进行分配。这种算法不需要全局信息。与随机命中频谱分配算法相比，该算法没有为指定路由搜寻整个频谱空间，因此 FF 算法的计算量小，复杂度低。FF 算法是将所有被占用的频谱规划到频谱标号比较靠前的频谱空间中，因此路径上标号较大的频谱空间中，具有较高的概率满足频谱一致性要求。FF 算法计算开销小、复杂度低、阻塞率性能良好，是一种非常实用的频谱分配算法。RF 算法和 FF 算法在频谱分配计算中不需要网络全局信息，因此不会引入任何通信开销。

③ 最少使用（Least Used，LU）算法。该算法为考虑网络状态的频谱分配算法。为了平衡所用频谱上的业务负载，该算法选择当前网络中使用次数最少的频谱进行分配。该算法使得距离较长路径很难找到一致的频谱进行分配，只有距离较短的路径才有可能满足频谱一致性要求。因此，LU 算法的性能低于 RF 算法，并且该算法在计算过程中引入了额外的通信开销（例如，需要全局信息来计算最少使用频谱）。

④ 最多使用（Most Used，MU）算法。与 LU 算法相反，MU 算法在频谱分配过程中，选择当前网络中使用次数最多的频谱来进行分配。MU 算法的性能显著优越于 LU 算法。在计算开销、存储空间和计算花费方面，两种算法相似。与 FF 算法相比，MU 算法的性能较优。这是因为 MU 算法试图减少连接请求所使用频谱数，即通过节省频谱空间容量降低网络阻塞率。

⑤ 最大总和（Max-Sum，MS）算法。在 MS 算法中，考虑网络中所有可能路径（包括预选路径），在此基础上，首先分配能够在该连接建立后使得整网剩余容量最大的频谱。上述 4 种算法时间复杂度为 $O(MW)$。MS 算法相对于前 4 种算法能够极大地降低网络阻塞率。但是 MS 算法的时间复杂度比其他算法大，为 $O(|P|MW)$，其中 $|P|$ 为所有可能路径的数目。

本章后续会详细介绍多维复用光网络路由与资源分配方法，如相邻光通道频谱共享算法、基于匹配因子的超波长时变业务频谱分配算法、适用于时变光通道在 MCF 环境中的资源分配策略等。同时，针对基于频谱连续度的串扰感知虚级联路由与频谱资源分配，本章将介绍基于频谱连续度的串扰感知资源描述模型和基于频谱连续度的串扰感知虚级联资源分配模型，同时介绍基于频谱连续度的串扰感知虚级联资源分配算法（MCVC）。通过介绍这几部分拟使读者对多维复用光网络的路由与资源分配有一个比较清晰全面的认识。

6.2　匹配因子最大化的路由与频谱分配

频谱灵活光网络的资源高效利用、灵活光路提供等特点，使日益增长的超波长时变业务的灵活调度成为可能。超波长大速率业务，例如数据中心数据备份及迁移等，往往具有带宽随时间变化的特性。虽然基于 OFDM 技术的频谱灵活光网络能为其提供弹性的带宽分配，但现有的频谱分配策略均按照时变业务的最大带宽分配资源来保证业务的 QoS 特性，就导致了在某些时段上由于业务带宽的需求降低而造成的资源浪费。基于最大值模型的时变业务频谱分配，忽略了业务带宽随时间变化的特点，在流量需求较低时，该模型不考虑动态频谱资源共享可能性，业务所占用的频谱资源利用率较低。且超波长业务具有的持续时间长、峰谷值差异大等特点，会使这种频谱资源浪费的情况进一步被放大。

本小节的主要内容为基于匹配因子的频谱分配算法与重构策略。本小节首先介绍超波长时变业务的带宽时域变化特征。其次基于其低峰期带宽浪费的特性，介绍匹配因子的概念。匹配因子衡量了两个光通道带宽在时域变换的相契合程度，通过比较匹配因子，可以实现相邻光通道带宽共享，从而充分利用低峰期空闲的频谱资源。最后，本小节介绍一种适用于超波长时变业务的频谱重构策略，依托于匹配因子的概念为已建立的时变光通道实现最优排序。

针对频谱灵活光网络中的超波长大速率带宽时变业务，采取相邻光通道频谱共享的方式可以解决低峰期频谱资源浪费的问题。为了提高链路的频谱使用效率、降低网络业务阻塞率，根据业务在各个时段的实际带宽需求，使两个超波长时变业务对应光通道的部分频谱实现共享，从而更充分地利用两个业务中任意一个在低峰期所不需占用的频谱。此种共享模式，可以有效避免对任何时变业务采取最大值模型进行分配所造成的严重资源浪费。

图 6-1（a）所示为时变业务最大值模型分配方法下的频谱占用情况，可以看出在低峰时段产生了大量的空闲频谱。当采取频谱共享时，区别于最大值分配方法，任意两个时变业务对应通道的中心频率之间的频谱并不严格属于两个光通道中的某一个。中心频率间的此段频谱，将在特定光通道需求的特定时隙分配给该通道，如图 6-1（b）所示，此时隙左侧通道所需带宽更大，因而中心频率间的此段共享频谱大部分分配予左侧通道。此时，右侧通道正处于流量低峰期，不需占用很多带宽。对应的，时隙情况也可能变得相反，随着带宽需求的变化，时隙左侧通道需要的频谱带宽相对变低，而右侧通道进入了流量高峰。这意味着左右两个通道的中心频率间的频谱段是共享的，即根据具体时隙带宽需求情况按需分配的。利用时变业务流量随时间变化的特征，可以采取合适的业务分配相邻的频谱，使得相邻相通道间频谱资源在不同时隙总被其中某个业务使用，实现资源利用率的本质提高。

根据业务属性和统计结果，业务在持续时段内随时间变化。在业务通道中心频率不变的情况下，相比按最大值分配频谱，带宽共享模型找到了在时隙变化上互补的业务相对关系，实现了在任意时隙内，业务占用带宽不冲突的前提下共享一部分频谱资源。在该频谱分配模型下，链路整体频谱资源利用率得到了提高，网络性能也随之优化。业务的速率越大，占用频谱资源的最大值越多，该模型对频谱资源利用率的提升也越明显，尤其对于超波长业务，采用业务带宽共享模型将获得更大的收益。

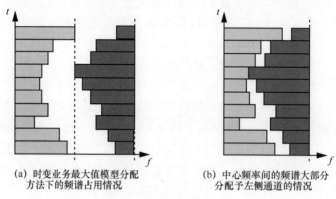

(a) 时变业务最大值模型分配
方法下的频谱占用情况

(b) 中心频率间的频谱大部分
分配予左侧通道的情况

图 6-1　频谱共享效率对比

频谱共享建立在两通道带宽需求随时间变化特征有一定互补程度的基础上。两个业务对应通道上的所需带宽在同一时隙上，总是只有一个需求高而另一个需求低，如此两个通道间的共享频谱不需太多即可实现。相反地，如果两个通道的带宽需求总是同时到达高峰期或低峰期，它们之间的可共享频谱段就会很小，即并非理想的共享条件。

为实现新业务与最合适的已建立业务共享带宽，需要确定具体与之匹配的已建立业务。业务请求到来时，从网络中获取已建立的时变业务频谱时域变化信息。新业务与已建立业务的时变特征经过计算后，根据约束条件，将可行的、与新业务匹配程度最高的已建立业务相邻的频谱分配给新业务。在上述整个的衡量业务间匹配程度过程中，对业务实现优化的频谱分配，必须为新到来的时变业务寻找一个已建立的时变业务，使两者在共存时间内，分配到相邻的频谱段，并在该段时间内保持一定量的频谱共享，在同一时隙尽可能保证这段共享频谱被其中一个业务所使用，从而减少业务因获得按最大值分配的带宽，在低峰期的时隙内带宽得不到充分利用的现象，提高频谱利用率，降低业务阻塞率，提高网络性能。

在此本小节介绍一种针对时变超波长业务的带宽共享频谱分配算法。该算法通过建立参数，衡量新时变超波长业务之间的匹配程度，将两个业务所占通道实现部分共享。每个新超波长时变业务请求到来时，为新业务寻找最合适的频谱位置，为其选择一个频谱上已经建立的时变业务对应的通道，通过参数即匹配因子，衡量诸多已建立的时变业务的通道与新业务时变特征的匹配程度，来决定新业务与具体某个已建立业务的通道实施共享。

这里使用匹配因子衡量两个带宽需求时变业务在时间特征上的匹配程度。如图 6-2 所示，$R_1(t)$ 和 $R_2(t)$ 是两个带宽时变的超波长业务，在这里定义两个时变业务之间匹配程度的参量 M 。

$$M=D[R_1(t)+R_2(t)] \tag{6-1}$$

其中，M 是两个业务所占带宽与时间的函数之和的方差。M 反映了两个业务在共同存在的时隙内，两者的匹配程度。之所以使用方差来衡量两个通道在共存的时间段内的匹配情况，原因是两个业务互补程度越高，时域相加后的波动就越小。即当某通道在某时隙的带宽需求较大时，另一通道同一时隙上的流量需求相对较小，而在共存时间内的诸多时隙内均不偏离此状态过多。两个业务时域相加后得到函数的方差代表了波动情况，即可代表两个业务通道的流量时域互补程度。极限情况下匹配程度达到完美的两个业务，在时域上的和应没有波动，即方差 M 为 0。相反的，M 值越大，表示两个业务匹配程度越差。当每个新到来的业务建立通道时，都要能够选取使通道间的匹配因子尽量小的已建立通道与新通道实现共享。

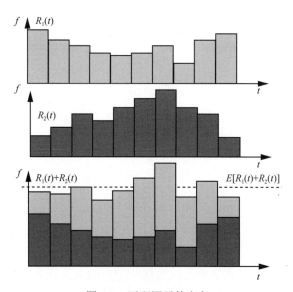

图 6-2　匹配因子的定义

在考虑基于匹配因子的频谱分配策略时，针对新业务到来时刻的网络状态以及新业务的既定路由进行研究。此时刻的网络状态即指特定路径上多个并行的、对应于运行中业务的已建立光通道及其在后续时段的时域变化特征，而后续时段即指此时到达的、待分配的新业务所持续的时间段。从当前时刻起，频谱上每个已建立光通道的带宽时域变化信息已知，而要使新业务能够在频谱段内与某个已建立业务对应的光通道进行频谱动态共享，且找到合适的位置进行承载，需要满足数个约束条件。对特定路径进行研究，可以有效简化模型复杂度，且针对超波长大速率业务中常见的定时定点传输特征，具有准确的实际意义。

基于匹配因子的频谱分配算法，依据超波长时变业务的时域变化特征，为每一个新业务选择路径频谱上一个已建立业务的光通道并与之匹配，实现频谱部分共享。为了能够从频谱上诸多传送中的已建立业务的光通道中选取最合适的匹配对象，在此罗列了后续算法所需的变量。目的在于准确描述约束条件，清晰解释节约频谱资源的最终目标。以下是本优化模型中定义的集合、参数与变量。

C：新业务到来时，对于一条路径而言，此时该路径上已建立的所有光通道的集合。

T：表示从新业务到来时刻起直到新业务运行终止时刻的所有时间间隙集合。

B_t^r：在时隙 t，光通道 r 所需带宽对应的占用频谱隙数量，为正整数。

$B_{\max}^r$：光通道 r 在时间集合 T 内的所有时隙所能达到的最大带宽需求对应的占用频谱隙数量，为正整数。

F_r：已建立光通道 r 的中心频率的索引值。

$\phi_k^r = (0,1)$：由已建立业务 r 的光通道的中心频率 F_r 引起，表示索引值小向索引值大排列第 k 个频谱隙的占用情况。当此频谱隙被占用时，$\phi_k^r = 1$；当此频谱隙空闲时，$\phi_k^r = 0$。

D_r^n：已建立业务 r 的光通道与新业务 n 匹配，并在建立频谱共享时，已建立业务 r 的通道左右两侧是否存在足够的新业务 n 承载的连续空闲频谱隙。存在连续空闲频谱隙时，$D_r^n = 0$；不存在连续空闲频谱隙时，$D_r^n \neq 0$。

$$F_1 \geq \frac{B_t^r}{2}, \forall t \in T \tag{6-2}$$

约束条件（6-2）规定了位于第一个位置，即中心频率索引值最低的光通道的中心频率索引值不小于此光通道在 T 时段内任何时隙所需带宽的一半。即最左侧光通道的中心频率留有足够频谱隙以供其使用。

要使得新业务与已建立业务之间实现频谱资源共享，两者均不能独自享有等同于时域内最大带宽需求的频谱，必须要考虑的是两个业务不能在同一时隙占据同一段频谱，即不能发生冲突。

$$|F_r - F_n| \geq \frac{B_t^r + B_t^n}{2}, \forall t \in T \tag{6-3}$$

约束条件（6-3）规定了此路径上的已建立通道 r 的中心频率 F_r 与新业务 n 的中心频率 F_n 中间的频谱隙间隔，不得小于这两个光通道在任一时隙 t 所占用带宽总和的一半，即若使此两通道实施共享，在时间集合 T 内的任意时刻两通道不会在频谱上发生重叠。

在新业务与已建立业务任一时隙内所占频谱不发生冲突的前提下，还需要考虑第二个约束条件，即确定与新业务互相匹配的已建立业务通道的左侧或右侧存在足够连续空闲频谱提供给新业务分配通道。

为了简化公式规模，令 $x = B_{max}^r / 2$，即光通道 r 在时间集合 T 内最大带宽所需频谱隙数量的一半；令 $y = B_{max}^n / 2$，即光通道 n 在时间集合 T 内最大带宽所需频谱隙数量的一半；令 $z = \max[(B_t^r + B_t^n) / 2], t \in T$，同时也等于 $|F_r - F_n|$，即光通道 r 与光通道 n 在时域相加后可能达到的最大占用带宽所需的频谱隙数量的一半，同时也等于光通道 r 的中心频率与光通道 n 的中心频率之间间隔的频谱隙数量，如图 6-3 所示，则

$$D_r^n = \sum_{i=x}^{z-x+y} \phi_i^r + \sum_{i=-x}^{-(z-x+y)} \phi_i^r \tag{6-4}$$

当 $D_r^n = 0$ 时，代表已建立的光通道 r 的左侧或右侧在实现频谱共享的基础上，容纳新到达业务的光通道 n 的连续频谱隙。

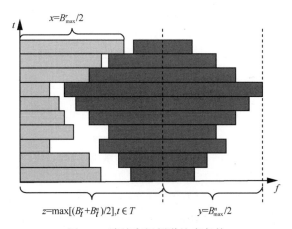

图 6-3　连续空闲频谱约束条件

新业务到达时，若频谱上存在某个已建立光通道 r 符合上述约束条件，则将新业务的光通道 n 建立在中心频率为 F_n 的位置，$F_n = F_r \pm \max(B_t^r + B_t^n) / 2, t \in T$。

当已建立光通道 r 的左侧与右侧均有足够容纳新到达业务的光通道 n 的连续空闲频谱时，出于一致性考虑，优先将光通道 r 左侧的空闲频谱分配给新光通道 n 使用。

在基于匹配因子的超波长时变业务频谱分配算法中，对于一个新到达的连接请求，首先使用 KSP 算法在不需考虑网络状态的前提下为其计算数条路径；然后

在 K 条被选路径中依次按顺序在对应频谱上查询已建立业务的带宽时域变化特征。基于匹配因子的超波长时变业务频谱分配算法的具体步骤如下。

步骤 1 对于动态到达网络的超波长时变业务连接请求 n,持续时间为 T,其带宽需求在时域变化的函数为 $N(t)$,其源节点为 s,目的节点为 d。从其源节点到目的节点,使用 KSP 算法计算出 K 条有优先级排序的最短路径作为备选路径,定义为 $P(N) = \{p_1, p_2, \cdots, p_k\}$。

步骤 2 由当前剩余的最高优先级的备选路径开始,获取此路径上所有其他时变业务的光通道,设其总数为 x,定义为集合 $C(p) = \{c_1, c_2, \cdots, c_x\}$,并将该集合内所有光通道从现在时隙起,持续时间为 T 内对应的带宽时域变化函数,定义为集合 $R(t) = \{R_1(t), R_2(t), \cdots, R_x(t)\}$。

步骤 3 若 $C(p) = \varnothing$,则忽略当前路径,并根据备选路径集合 $P(n)$ 的顺序,选择剩余路径中下一条备选路径,并重复步骤 2。若此时备选路径集合 $P(n)$ 中所有路径均 $C(p) = \varnothing$,则进入步骤 4 采用最大值模型进行分配。若 $C(p) \neq \varnothing$,则进入步骤 6。

步骤 4 路径集合 $P(N) = \{p_1, p_2, \cdots, p_k\}$ 中,从当前最高优先级的备选路径开始,将业务连接请求 n 时域变化函数 $N(t)$ 在时间 T 内的 max $N(t)$ 视为此连接请求所需带宽,使用 FF 算法,利用频率索引值由低到高地在路径频谱上检索可用频谱段。若检索到可用频谱段,则分配给连接请求 n;若路径上无可用频谱段,则进入步骤 5。

步骤 5 从备选路径集合 $P(n)$ 中删除上一步骤中无足够可用频谱段的备选路径。若此时备选路径集合 $P(n) \neq \varnothing$,则返回步骤 3。若此时备选路径集合 $P(n) = \varnothing$,则阻塞连接请求 n。

步骤 6 在路径上,以时域变化函数相加求方差的方式,为新业务请求 n 个已建立业务的光通道计算匹配因子,并将结果由低到高升序排列,将其对应的光通道依照匹配因子顺序重新排列为集合 $C'(p) = \{c_1', c_2', \cdots, c_x'\}$。

步骤 7 由当前匹配因子最高的光通道开始,计算其对应 $D_{c'}^n$。若 $D_{c'}^n = 0$,则将新业务的光通道 n 建立在中心频率为 F_n 的位置,$F_n = F_{c'} \pm \max(B_t^{c'} + B_t^n) / 2$,$t \in T$。若 $D_{c'}^n \neq 0$,则从重新排序后的集合 $C'(p)$ 中删除此光通道,并重复步骤 7;若此时 $C'(p) = \varnothing$,则忽略当前路径,返回步骤 2。

本小节将介绍基于匹配因子的超波长时变业务的频谱分配算法与频谱重构策略的仿真结果。仿真的拓扑是基于 NFSNET 网络,该网络具有 14 个节点与 21 条链路。设每两个节点之间都有一条双向链路,每条链路均具有 200 个频谱隙,每个频谱隙粒度为 12.5 GHz。每次仿真的业务量为 100 000,业务的到达服从泊松分布,其均值为 λ。采用 KSP(K=3)算法作为路由算法。业务发生器中包含

2 个超波长时变业务模型，分别为

① $f(t) = -|t-2| + 3, t \in \{0,1,2,3,4\}$；② $f(t) = -|2t-4| + 5, t \in \{0,1,2,3,4\}$。

基本评估指标为不同算法在不同业务比例下的阻塞率。由图 6-4 可以看出，随着业务发生器业务强度的上升，所有算法的总阻塞率均呈现上升趋势；图 6-4（a）、图 6-4（b）分别对应上文中提到的两种超波长时变业务模型，基于匹配因子的超波长时变业务分配算法所有算法中明显表现出最低的阻塞率，其充分利用了时变业务在低峰期浪费的带宽，在大速率时变业务占主体地位的业务模型中极大地节约了频谱资源，因此有效降低了阻塞率；匹配因子的引入考虑了选取最合适的可共享光通道，使得每个到达的新业务均能在频谱上获得优化的频谱位置。

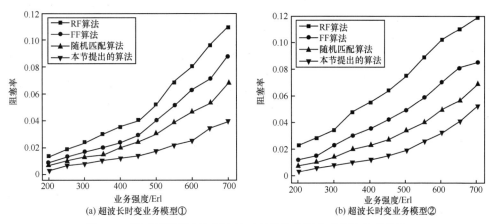

图 6-4　基于匹配因子的超波长时变业务频谱分配算法仿真结果

作为对照的基于超波长时变业务所需带宽最大值的 RF 算法与 FF 算法在峰谷值差异极大的超波长时变业务占主体的业务群中，由于无法充分利用低峰期的空闲频谱，其性能随着业务量的提升快速恶化，达到了临界值。同样使用了频谱共享，但未考虑匹配程度的随机匹配算法能够一定程度上对光通道低峰期空闲的频谱资源加以利用，但由于其仅满足可以承载的最低约束条件，导致每个新到达光通道的位置无长远规划，形成了只有部分光通道实现低峰期资源利用的情形，其结果为阻塞率性能高于基于最大值的两种基础算法，但明显低于基于匹配因子的频谱分配算法。

🔍 6.3　污染区域最小化的路由与频谱分配

频谱灵活光网络与高效频谱分配算法结合后，在资源的灵活性方面已有大幅改进，但日益增长的网络流量仍在不断冲击其光纤有限的可用带宽。来自峰谷值差异大、持续时间长的超波长时变业务不断挑战着光纤容量的增长潜力。为了从根本上克服此限制，空分复用技术引入空间维度，与频谱灵活光网络的频谱资源正交从而成倍增加光纤容量。其中，最具代表性的技术多芯光纤（MCF）[41-43]提出部署多个平行光纤，以最简单的形式有效扩展光纤容量。频谱灵活光网络向空分复用的演进成为必然趋势。

然而，多芯光纤不能仅仅理解为多根光纤简单叠加而成的光纤束，引入正交于频谱灵活光网络的频谱资源的新的空间维度，随之带来的是对业务承载与调度，频谱分配等多方面的新课题。

芯间串扰[44-45]是一个与多芯光纤密切相关且无法忽视的重要课题。当使用相同频谱的光信号在 MCF 中的相邻核中进行传输时，两个光信号之间即引起的芯间串扰。换言之，芯间串扰发生在相邻核之间的、使用重叠频谱的光通道中。芯间串扰直接影响光通道的信噪比，进而影响信号的传输质量，限制网络的传输性能。芯间串扰对适用于 MCF 的频谱分配问题带来了严峻的考验与广阔的空间。

本小节将介绍频谱灵活光网络向基于空分复用演进中的路由频谱和核分配问题。首先介绍 MCF 芯间串扰的产生条件与特征，以及污染区域的概念。接着，权衡污染区域与光通道的保护带宽之间的关系，量化污染区域对网络性能的影响。最后借助辅助矩阵为 MCF 环境下的超波长时变业务介绍规避芯间串扰并共享频谱资源的分配算法。

6.3.1 污染区域

MCF 采用多根平行的核，正交于频谱灵活光网络的频谱维度，从而数倍扩张了潜在可用频谱资源，然而区别于传统单模单核光纤环境下的频谱灵活光网络的是，因为芯间串扰的存在，其中部分频谱资源并非对所有业务连接请求开放。

污染区域描述了 MCF 环境下的频谱灵活光网络中，从频谱角度看，可能存在潜在的芯间串扰的部分频谱段。具体来说，如图 6-5 所示的浅色阴影部分，污染区域在被已建立光通道的核的相邻核上，与已建立的光通道具有相同频率的频谱范围。此类频谱范围的特点是：若在未来引发污染区域的光通道仍存在时，某个时间点有新的连接请求到达，并在此类频谱范围内建立了光通道，新的光通道将因与相邻核上相同频率的光通道的存在，受到来自此核的串扰。光通道的建立会使得相邻核的相同频谱位置对未来的光通道产生信噪比降低、传输质量劣化等不良影响，因此将其命名为"污染区域"。对于超波长时变业务而言，持续时间内的某一时刻带宽需求会达到最大值，因此其污染区域即按带宽最大值处理。

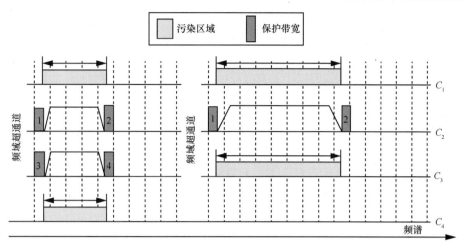

图 6-5　频域超通道与空域超通道对比

6.3.2　时不变业务场景

依托 MCF 多根平行核具备正交于频谱灵活光网络频域资源的特性，辅助矩阵算法为频谱资源需求给定且已完成最优核-频谱分布计算的业务连接请求寻找服从频域连续性、空域一致性的位置进行承载。现给出辅助矩阵算法示例（如图 6-6 所示）和基于辅助矩阵算法的具体步骤。

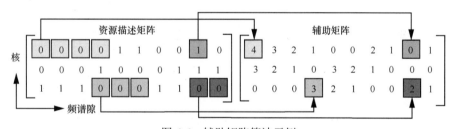

图 6-6　辅助矩阵算法示例

步骤 1　业务连接请求根据路由自适应调制格式选择后总带宽需求为 B，最优占用核数为 x。获取业务选中路径上的所有核的频谱占用信息，根据新到达的业务类型，形成对应的资源描述矩阵 $\boldsymbol{R}$，该矩阵的每一行按顺序对应 MCF 中的一根核，每一列按顺序对应一个频谱隙。$r_{i,j} \in \{0,1\}$ 代表资源描述矩阵 $\boldsymbol{R}$ 中第 i 行第 j 列的元素，其取值代表第 i 根核中第 j 个频谱隙的资源占用情况。对于 HTR 而言，此频谱隙空闲时 $r_{i,j}=0$，此频谱隙被占用时 $r_{i,j}=1$。对于 LTR 而言，此频谱隙空闲且为非污染区域时 $r_{i,j}=0$，此频谱隙被占用或是污染区域时，$r_{i,j}=1$。

步骤 2 基于步骤 1 中形成的资源描述矩阵 R，形成一个对应的、大小与资源描述矩阵 R 相同的辅助矩阵 A。$\alpha_{i,j} \in (0, j)$ 代表辅助矩阵中第 i 行第 j 列的元素，其取值代表资源描述矩阵 R 中第 i 行的第 j 个元素起，后续连续 0 的个数（含自身）。其物理含义为该路径的 MCF 所有核的频谱集合中，第 i 根核上，从第 j 个频谱隙开始，后续连续的空闲频谱隙个数，该数目包含第 j 个频谱隙自身。图 6-6 所示为一个根据资源描述矩阵生成辅助矩阵的示例。

步骤 3 从辅助矩阵 A 的第 1 列开始，从左向右以列为单位依次遍历所有列，直至发现某列拥有大于等于 x 个不小于 B/x 的元素为止。将此列对应的频谱隙确定为连接请求光通道的起始频谱隙，将所有拥有不小于 B/x 的元素的列对应的核确定为备选核集合。

步骤 4 为业务连接请求分配位于备选核集合中的 x 根核上，起始位置为步骤 3 所确定的起始频谱隙，频域隙数量为 B 的频谱资源并建立光通道。若步骤 3 中备选核集合内有多于 x 个元素，则从中随机选择 x 个。

步骤 5 为新建的光通道标记新的污染区域。若该连接请求是低容忍度请求，则其污染区域将覆盖由其他高容忍度请求所造成的污染区域。

在步骤 4 中备选核集合内存在多于 x 个元素时采取随机选择的原因在于，光通道最优核–频谱分布的决定是基于平均相邻核数的。对业务连接请求集合中每一个业务都随机选择 x 根核来承载，其造成的污染区域对网络性能的影响与选中 x 根核时每次平均有 y 根相邻核的计算结果在宏观上是一致的。

6.3.3 时变业务场景

依托于固定业务带宽需求的频谱分配策略，适用于超波长时变业务的分配策略时将更为复杂。继 MCF 在频谱灵活光网络中引入了正交于频域的空间维度后，超波长时变业务带宽需求随时间变化的特征又引入了正交于空间频谱的第 3 个维度，即时间。为了 MCF 中的光通道对频谱资源消耗的最小化，可以采用融合基于匹配因子的频谱分配算法与基于辅助矩阵的频谱分配算法，解决超波长时变业务在 MCF 环境下的频谱分配问题。

超波长时变业务如数据中心迁移、大数据、云计算等大规模企业级业务具有显著的速率高、粒度大的特征，而 MCF 频谱灵活光网络环境正具有得天独厚的空域超通道以及对大粒度业务的折叠能力。首先通过 KSP 算法为超波长时变业务确定 K 条路由并依照优先级排序，优先选择高优先级路由。其原理类似于前面提到的优先选择高阶调制格式问题，更短的路径从客观上为整个网络节约了可见的频谱带宽。根据路由自适应选择调制格式，确定超波长时变业务在持续时间内的带宽需求最大值。

随后，基于带宽需求最大值进入超通道核–频谱分布计算步骤，权衡占用核数与每根核上所占据的频谱长度使得超波长时变业务的超通道在带宽需求最大时对频谱资源的总消耗最少。选取最大值进行计算的原因在于，由空分复用技术引入的空间维度所支持的空域超通道具有影响显著的数倍折叠频谱长度的特质，对于带宽需求大的超波长业务而言，解决其大粒度带来的分配难问题更为紧迫。如果没能为超波长时变业务的高峰期预留足够的频谱资源，污染区域的存在将使得高峰期到来时出现严重的冲突。

最后本小节介绍一种基于匹配因子的频谱分配算法，在此算法中经过核–频谱分布计算的业务连接请求将被寻找一个已建立的、具有相同的占用核数的时变业务光通道与之匹配实现频谱共享。新业务的光通道将被建立在与匹配成功的业务相同的核、相邻的频谱位置上。当没有满足约束条件的已建立的时变业务的光通道可以和新业务匹配时，新业务将通过辅助矩阵算法按照时不变业务进行分配。算法的具体流程如下。

步骤 1　对于动态到达网络的超波长时变业务连接请求 n，持续时间为 T，其带宽需求在时域变化的函数为 $N(t)$，其源节点为 s，目的节点为 d。从其源节点到目的节点，使用 KSP 算法来计算出 K 条有优先级排序的最短路径作为备选路径，定义为 $P(N) = \{p_1, p_2, \cdots, p_k\}$。

步骤 2　由当前剩余的最高优先级的备选路径开始，进行路由自适应调制格式选择。业务连接请求根据路由自适应调制格式选取后总带宽需求为 B，最优占用核数为 x。获取业务选中路径上的所有核的频谱占用信息，根据新到达的业务类型，形成对应的资源描述矩阵 $\boldsymbol{R}$。

步骤 3　获取此路径上所有其他占用核数为 x 的时变业务的光通道，设其总数为 a，定义为集合 $C(p) = \{c_1, c_2, \cdots, c_a\}$；若 $C(p) = \varnothing$，则忽略当前路径，并根据备选路径集合 $P(n)$ 的顺序，选择剩余路径中下一条备选路径，并重复步骤 2。若此时备选路径集合 $P(n)$ 中所有路径均为 $C(p) = \varnothing$，则进入步骤 5 采用最大值模型进行分配。若 $C(p) \neq \varnothing$，则继续。将该集合内所有光通道从现在时隙起，持续时间为 T 内对应的带宽时域变化函数，定义为集合 $R(t) = \{R_1(t), R_2(t), \cdots, R_a(t)\}$；在此路径上，以时域变化函数相加求方差的方式，为新业务请求 N 与每个已建立业务的光通道计算匹配因子，并将结果由低到高升序排列，对应的光通道依照匹配因子顺序重新排列为集合 $C'(p) = \{c'_1, c'_2, \cdots, c'_a\}$。

步骤 4　由当前匹配因子最高的光通道开始，计算其对应 $D_{c'}^n$。若 $D_{c'}^n = 0$，则将新业务的光通道 n 建立在中心频率为 F_n 的位置，$F_n = F_{c'} \pm \max(B_t^{c'} + B_t^n)/2, t \in T$。若 $D_{c'}^n \neq 0$，则从重新排序后的集合 $C'(p)$ 中删除此光通道，并重复步骤 4。若此时 $C'(p) = \varnothing$，则忽略当前路径，并返回步骤 2。

步骤5 基于步骤2中形成的资源描述矩阵 R，形成辅助矩阵 A。从辅助矩阵 A 的第一列开始，从左向右以列为单位依次遍历所有列，直至发现某列拥有大于等于 x 个不小于 B/x 的元素为止。将此列对应的频谱隙确定为连接请求光通道的起始频谱隙，将所有拥有不小于 B/x 的元素的列对应的核确定为备选核集合。为业务连接请求分配位于备选核集合中的 x 根核上建立光通道。若备选核集合内有多于 x 个元素，则从中随机选择 x 个。

步骤6 为新建的光通道标记新的污染区域。若该连接请求是低容忍度请求，则其污染区域将覆盖由其他高容忍度请求所造成的污染区域。

下面介绍关于基于匹配因子频谱分配算法的仿真情况，仿真实验中使用 14 节点和 21 条链路的 NSFNET 进行仿真。每条链路都具备一条单向 MCF 光纤。本小节使用 KSP（K=3）算法作为路由策略。频谱方面，每根核有 400 个频谱隙，每个频谱隙粒度为 12.5 GHz。光通道在频域间的两侧总保护带宽设为 25 GHz，即每侧一个频谱隙。光通道调制格式的选取取决于路由的跳数。当路由的跳数不小于 4 时，光通道选择 DP-QPSK 调制格式，当跳数不大于 3 时，光通道选择 DP-16QAM 调制格式。业务发生器中包含 4 种超波长时变业务模型，其带宽所需的频谱隙数量取决于所选择的调制格式，4 种业务在使用 DP-16QAM 调制格式带宽与时间的函数分别为① $f(t)=-|t-2|+3, t\in\{0,1,2,3,4\}$；② $f(t)=-|2t-4|+5, t\in\{0,1,2,3,4\}$；③ $f(t)=-|3t-6|+7, t\in\{0,1,2,3,4\}$；④ $f(t)=3, t\in\{0,1,2,3,4\}$。

4 种业务使用 DP-QPSK 时速率均与所占带宽相等，使用 DP-16QAM 时速率为带宽的两倍。设网络中的芯间串扰值高于 DP-16QAM 所容忍的串扰最大值，但低于 DP-QPSK 所容忍的串扰最大值。基本评估指标为不同算法在不同业务比例下的阻塞率。

图 6-7（a）和图 6-7（b）同为 7 核 MCF，图 6-7（c）和图 6-7（d）同为 12 核 MCF；图 6-7（a）和图 6-7（c）中 4 种业务的比例同为 6∶3∶1∶10，用于描述类似真实网络情况的固定带宽业务较多而大粒度时变业务较少的情景，图 6-7（b）和图 6-7（d）中 4 种业务的比例同为 1∶1∶1∶1，用于描述大粒度超波长时变业务占据主流的场景。

仿真结果符合预期，在任意光纤类型与业务比例条件下，RF 算法和 FF 算法的表现均显著弱于业务分类对齐算法和本小节算法，因为此二者从未考虑芯间串扰的影响，选择信道分布步骤即产生较大浪费，而在分配阶段也并未考虑后续业务。此外，本小节算法的性能领先于业务分类对齐算法，因为业务分类对齐算法的约束条件更为复杂，在资源有限、引入超波长时变业务的场景下更难以被满足。

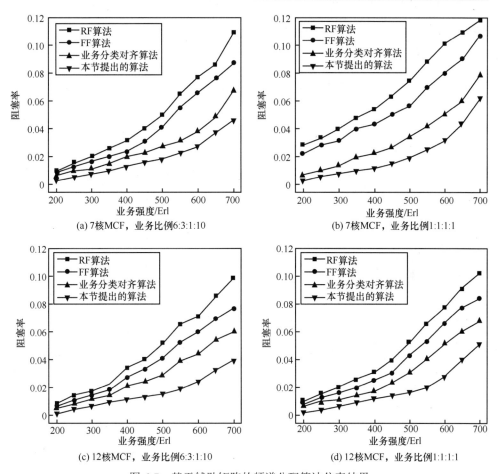

图 6-7　基于辅助矩阵的频谱分配算法仿真结果

通过对比代表不同业务比例的图 6-7（a）和图 6-7（b），可以看出，在大粒度业务占主导地位本节算法明显优于对照算法，对比图 6-7（c）和图 6-7（d）之间的差异也可以得到同一结论。因为 3 个对照算法都选择采取具有更大污染区域的频域超通道，具有较高速率的业务请求势必造成较大的污染面积，从而导致较大的芯间串扰影响。

观察代表不同光纤容量的图 6-7（a）和图 6-7（c），与对照算法相比，本节提出的算法在光纤容量较小时显示出更优的性能，对照图 6-7（b）和图 6-7（d）同样可以得到相同结论。因为大速率业务所占核数达到某个值时，在核数较少的光纤中，出现了相邻核数减少的情况。例如在 7 核光纤中，光通道所占核数达到 4 时，其相邻核数为 3；而在光通道所占核数达到 5 时，其相邻核数则减少到 2。这种情况使得核数较少的光纤中，大速率业务在占据较多芯数时具有更小的污染区域。而在核数较多的光纤中这种情况几乎不会发生。

🔍 6.4　串扰感知虚级联路由与频谱分配

6.4.1　串扰感知虚级联路由与频谱分配模型

多维光网络物理底层建模为 $G=(V,E,C)$，其中 V 代表物理底层光节点集合，E 代表物理底层光纤链路集合，C 代表每一条光纤链路中的纤芯集合，其中频谱资源可以简化为每个多芯光纤链路中的频谱隙，每条链路 $L(L\in E)$ 由纤芯集合 C 组成，并且每个纤芯具有一组频谱隙，矩阵 A_1 被定义为表示每个链路 L 上不同频谱隙的占用状态，如式（6-5）所示。矩阵 A_1 由 c 列和 f 行组成，其代表链路 L 中的 c 个纤芯和每个纤芯中 f 个频谱隙资源。矩阵元素 $O_{i,j}$ 是二进制数值，用于表示纤芯 j 中的频谱隙 i 的占用状态，例如，$O_{i,j}=1$ 表示相应的频谱隙可用，而 $O_{i,j}=0$ 表示相应的频谱隙被占用。对于挂起的端到端光路连接请求，可以表示为 $R(s,d,b)$，其中 s 和 d 是光路连接请求的源节点和目标节点，b 是此连接请求所需的带宽资源。一旦端到端请求到达，网络运营商需要根据信噪比（Signal Noise Ratio，SNR）选择调制格式，如二进制相移键控（Binary Phase Shift Keying，BPSK）或者正交幅度调制（Quadrature Amplitude Modulation，QAM）来选定路径。

$$A_l = \begin{bmatrix} O_{1,1} & O_{1,2} & ... & O_{1,c} \\ O_{2,1} & O_{2,2} & ... & O_{2,c} \\ \vdots & \vdots & \vdots & \vdots \\ O_{f,1} & O_{f,2} & ... & O_{f,c} \end{bmatrix} \qquad (6-5)$$

芯间串扰门限值被定义为 $XT_{threshold}$，当在物理网络上分配光路连接请求时，应计算请求连接的芯间串扰数值并保证低于 $XT_{threshold}$。同时，为防止光路连接请求受到串扰的严重影响，已建立连接的光路请求的串扰应保持不变，并且在光路连接请求之间引入保护带宽。此外，在 RCSA 过程中，芯间串扰必须要考虑的可用的频谱隙因素在此过程中被用来配置光链路，但是由于串扰影响，为了保障传输的信号质量，有一些频谱隙是不能被使用的。为准确评估频谱状态，介绍一种基于频谱连续度的串扰感知资源描述模型，表 6-1 中列出了使用的一些符号。

表 6-1　符号及其定义

符号	定义
$G=(V, E, C)$	SDM-EON 双向图网络
V	$G=(V, E, C)$ 中物理节点集合
E	$G=(V, E, C)$ 中物理链路集合
C	$G=(V, E, C)$ 中纤芯集合
R	当前网络拓扑 $G=(V, E, C)$ 中光路连接
M	网络拓扑 $G=(V, E, C)$ 中链路数量
N	网络拓扑 $G=(V, E, C)$ 中节点数量
T	链路上纤芯数量
S	纤芯上频谱隙数量
P	网络当前光路连接数量
$S_{max}^{c,l}$	链路 l 的纤芯 c 上占用的最大频谱隙序号
$S_{min}^{c,l}$	链路 l 的纤芯 c 上占用的最小频谱隙序号
$B_i^{c,l}$	链路 l 的纤芯 c 上第 i 个频谱段占用的频谱隙总数量
$G^{c,l}$	链路 l 的纤芯 c 上空闲频谱隙总数量
$g_j^{c,l}$	链路 l 的纤芯 c 上可用频谱块总数量
L_l	链路 l 总长度
L_{R_i}	第 i 个连接在网络中总长度
$SC^{c,l}$	链路 l 上纤芯 c 的频谱连续度
SC^l	链路 l 的频谱连续度
$SC_{threshold}$	频谱重构过程中设定的频谱连续度阈值
XT_{R_i}	光路连接 R_i 的串扰数值
$XT_{threshold}$	芯间串扰阈值

在多维光网络中，假设在链路 l 的纤芯 c 上有一块频谱资源，纤芯 c 上最小和最大频谱隙序号分别为 $s_{min}^{c,l}$ 和 $s_{max}^{c,l}$，则该纤芯上总的频谱隙数量为 $(s_{min}^{c,l} - s_{max}^{c,l} +1)$。在链路 l 的纤芯 c 上第 i 条光路所占用的频谱隙总数量表示为 $B_i^{c,l}$，在链路 l 的纤芯 c 上第 j 段频谱段中所有可用的空闲频谱隙数量表示为 $G^{c,l}$，$g_j^{c,l}$ 表示链路 l 的纤芯 c 上可用频谱块的总数量。对于新的光路连接请求，首先在链路 l 的纤芯 c 从左往右预分配每一个可用频谱段 $G^{c,l}$ 上找到所有可能的分配方式，进而计算出所有可能分配方式的串扰数值及其对应的相邻纤芯因受光路建立造成频谱重叠而被动带来的串扰数值，两者中若有一个超过串扰门限值，则其所对应的分配方式不可

行，不选择该分配方式，频谱隙同时也会被标记为不可用。综上，链路 l 的纤芯 c 的串扰感知频谱连续度（Spectrum Compactness，SC）可定义为

$$SC^{c,l} = \frac{s_{\max}^{c,l} - s_{\min}^{c,l} + 1}{\sum_{i=1}^{P} B_i^{c,l}} \times \frac{\sum_{j=1}^{G^{c,l}} g_j^{c,l}}{G^{c,l}} \tag{6-6}$$

图 6-8 直观清晰地表示了频谱连续度的计算过程。如图 6-8 所示，对于链路 L 上的纤芯 c_0，最大频谱隙序号 $s_{\max}^{c,l}$ 为 7，最小频谱隙序号 $s_{\min}^{c,l}$ 为 2，占用的频谱隙总数量为 4，则式（6-6）第一项表示为 $\frac{7-2+1}{4}$。同时，纤芯 c_0 上可用频谱隙总数量为 $1+2+2=5$，可用频谱块的数量为 3，因此，式（6-6）第二项表示为 $\frac{1+2+2}{3}$。最后，得到链路 L 上纤芯 c_0 的频谱连续度为 $\frac{7-2+1}{4} \times \frac{1+2+2}{3} = 2.5$。从频谱连续度的定义可以看出，频谱连续度是衡量频谱资源占用与空闲的程度，代表可用空闲频谱段的可能性大小，频谱连续度越大，可用空闲频谱段越规整，可接受光路连接使用的概率越大。

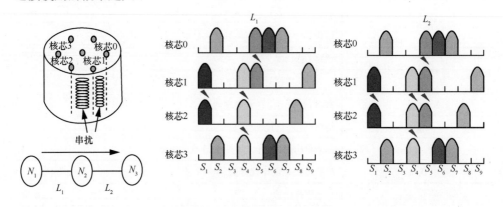

图 6-8　频谱连续度计算过程

6.4.2　串扰感知虚级联路由与频谱分配算法

在弹性光网络中的多径配置方面已经实现了虚级联机制，它可通过使用基于可切片转发器的非连续频谱片段来提高频谱利用率。然而，由于多芯光纤的芯间串扰约束和频谱邻接性约束影响，在多维光网络中难以实现虚级联机制。有研究者从硬件角度发现了构建空间超通道可以有效弱化传统频谱维度的邻接性约束[46-47]。一般而言，超通道由一组子信道组成，构成高比特率数据流的传输通道，换言之，高比特率数据流可作为空间超通道中的子信道组被传输，表现为分配在合适的不

同纤芯上相同的频谱隙资源。为了简化问题，假设位于每个光节点处的收发器是可切片的，从而可以在单链路上不同的纤芯中利用不同的频谱资源构建空间超通道。

　　本小节介绍了多维光网络中基于虚级联机制的资源分配方案，具体来说，是基于虚级联超通道资源分配方案（如图 6-9 所示），其阐述了虚级联超通道构建机制，通过构建跨纤芯超通道实现对网络中频谱碎片资源充分利用，达到提高网络资源利用效率的核心目标。

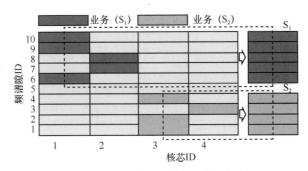

图 6-9　虚级联超通道资源分配方案

　　基于频谱连续度的串扰感知虚级联资源分配（MCVC）算法的虚级联超通道资源分配方案可分为两个阶段，第一个阶段为路由与纤芯资源选择阶段，即根据合适路由算法选取路径，并计算频谱连续度来设定纤芯资源选取的优先级，第二个阶段为频谱资源选择阶段，即满足空分复用弹性光网络三重约束条件下，选定不同纤芯上的频谱资源，完成虚级联超通道的构建。

　　虚级联超通道资源分配方案主要思路如图 6-10 所示。图 6-10（a）展示了两条光纤链路示例，图 6-10（b）所示是沿光路在纤芯 0 上构建仅具有两个频谱隙的超通道，图 6-10（c）所示是虚级联超通道资源分配方案，沿光路在两个不同纤芯上可以构建具有 4 个频谱隙的超通道。当有业务请求 $R(s, d, b)$ 到达时，首先根据 KSP 最短路径算法计算出 K 条最短路径 $\{P\}$，其中（$K-1$）条作为备选；网络中存在路径 $p_0 \in \{P\}$，则依次遍历每一条路径，并确定调制格式和请求的频谱隙数量 n；同时，计算出 p_0 路径上每一条链路的每一个纤芯的频谱连续度数值，并以链路为单位，按照链路上纤芯的频谱连续度对纤芯进行降序排列 $\{SC\}1$；如果 p_0 路径上存在同时满足业务请求的频谱隙数量与串扰等多重约束条件 $\{FS\}c$，则需要选择纤芯资源和频谱资源来分配，纤芯按照频谱连续度 $\{SC\}1$ 从大到小的策略选取、频谱 $\{FS\}c$ 按照首次命中的策略选取；如果 p_0 路径上没有满足的频谱资源，则执行虚级联超通道资源分配方案，跨纤芯寻找合适的频谱资源来建立超通道，如果能够构建这样的超通道且频谱资源满足串扰等多重约束条件，则按照上述纤芯与频谱选择策略进行频谱分配，如果不存在则继续寻找下一条路径上的资源；当路径集合$\{P\}$遍历结束，仍没有合适频谱资源分配，则阻塞请求 R。MCVC 算法具体细节描述见算法 6-1。

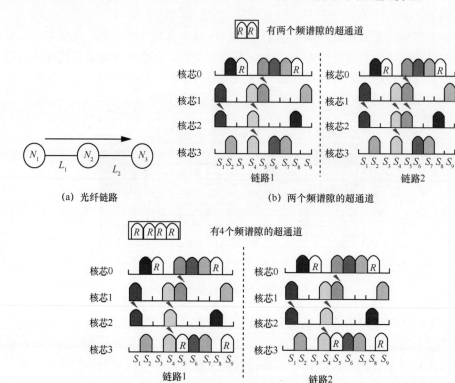

(a) 光纤链路   (b) 两个频谱隙的超通道

(c) 4 个频谱隙的超通道

图 6-10　虚级联超通道资源分配方案

算法 6-1　MCVC 算法流程

输入　底层物理网络 $G=(V,E,C)$，一个业务请求 $R(s, d, b)$

输出　新的光路分布网络

1. 根据业务请求 $R(s, d, b)$，计算 K 条最短路径集合$\{P\}$（KSP 最短路径算法）；

2. 如果集合$\{P\}$中没有合适路径；

3. 阻塞请求 R；

4. 否则；

5. 遍历每一条路径 $p_0 \in \{P\}$，确定调制格式和频谱隙数量 n；

6. 计算 p_0 路径上每一个纤芯的频谱连续度数值，按照链路分类进行降序排列$\{SC\}$l；

7. 如果 p_0 路径上存在频谱资源满足频谱隙数量（$m \geqslant n$）需求与串扰等多重约束条件$\{FS\}c$；

8．按照纤芯频谱连续度{SC}1 从大到小、频谱{FS}c 首次命中的选择策略分配业务请求频谱隙；

9．否则，在 p_0 路径上跨纤芯建立超通道，执行虚级联超通道资源分配方案，寻找跨芯零散频谱隙资源；

10．如果存在超通道资源满足频谱隙数量（$m \geqslant n$）需求与串扰等多重约束条件{FS}c；

11．按照纤芯频谱连续度{SC}1 从大到小、频谱{FS}c 首次命中的选择策略分配业务请求频谱隙；

12．否则，寻找{P}集合中下一条路径；

13．如果所有路径遍历结束，仍没有合适频谱资源，返回阻塞请求 R；

14．更新网络频谱状态；

15．算法结束。

作为与 MCVC 算法的对比基准方案，FF-CASC-RCSA 算法在频谱分配过程中没有上述步骤的 9～12 步。如上所述，第 1 步完成了 KSP 最短路径算法，时间复杂度为 $K|V|^2$；第 2 步检查{P}中是否有候选路径；第 5 步确定业务连接请求的调制格式与频率资源数量；第 6 步计算路径上每条链路的每个纤芯的频谱连续度，以链路为单位降序排列；第 7～8 步在路径上分配满足频谱数量和串扰等多重约束条件的网络资源；第 9～13 步执行虚级联超通道资源分配方案，跨纤芯寻找合适的频谱资源来建立超通道，时间复杂度为 $|E||C||FS|$。第 14 步更新整个网络的频谱资源状态，其时间复杂度为 $|E||C||FS|$。综上，MCVC 算法的总时间复杂度为 $O(K|V|^2 + 2|E||C||FS|)$。

本小节把 FF-CASC-RCSA 作为基准算法（以下章节均简称为 FF 基准算法），与 MCVC 算法的性能进行对比，主要评估了以下参数。

① 阻塞率。阻塞率评估在一个指定时间段内无法被提供服务的业务请求个数，通常讨论在不同业务量情况下的性能趋势，其可直观准确地评估算法性能，阻塞率＝所有失败的业务请求/所有业务请求。

② 频谱资源利用率。频谱资源利用率评估在一个指定时间段内物理链路的频谱资源使用情况，其可直观准确地评估算法性能。频谱资源利用率＝网络中所有被业务占用的频谱隙数量/总的频谱隙数量。本小节不仅探讨了 MCVC 算法与 FF 基准算法阻塞率与频谱资源利用率性能对比，而且展示了两个算法各自在两种不同业务请求频谱隙数量设定情况下的纵向性能对比。

③ 纤芯数量性能（阻塞率与频谱资源利用率）。介绍 7 芯、12 芯与 19 芯在阻塞率和频谱资源利用率方面的性能区别，得出结论。

（1）不同业务量下阻塞率性能分析

图 6-11 展示了在业务量从 100～1 000 Erl 变化的情况下，MCVC 算法及 FF 基准算法的阻塞率曲线结果。从图 6-11 中可以看出，阻塞率随着业务量的增大而呈

半 U 型持续上升。此外，相比于 FF 基准算法，MCVC 算法能够显著降低网络的阻塞率性能，尤其是当业务量负载超过 500 Erl 时，曲线呈现明显差距。因为 MCVC 算法能够使用跨纤芯的超通道来满足业务请求，充分利用了跨纤芯的频谱空闲碎片资源，缓解了由于单纤芯资源不足或者资源不连续分布而导致的业务阻塞情况，尽可能利用更多的可用频谱资源给即将到达的业务请求，从而进一步降低了阻塞率。

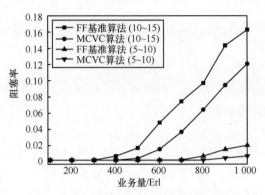

图 6-11　不同业务量下阻塞率性能分析

从图 6-11 中可以看出，MCVC 算法(5~10)的性能明显优于 MCVC 算法(10~15)，FF 基准算法也是同样的趋势，这是因为请求需要的频谱隙越多，在单个纤芯中频谱隙资源不足情况下业务发生阻塞的可能性就越大，更小粒度的资源需求不仅占用少量网络资源，而且有利于超通道构建，从而容纳更多业务请求，阻塞率性能越好。

（2）不同业务量下频谱资源利用率性能分析

图 6-12 展示了在业务量从 100~1 000 Erl 变化的情况下，MCVC 算法及 FF 基准算法的频谱资源利用率曲线结果。从图 6-12 中可以看出，频谱资源利用率随着业务量的增大而持续上升。此外，相比于 FF 基准算法，MCVC 算法能够显著提升网络的频谱资源利用率性能，当业务量超过 500 Erl 时效果更明显。因为 MCVC 算法能够使用跨纤芯的超通道来满足业务请求，充分利用了跨纤芯的频谱空闲碎片资源，尽可能利用更多的可用频谱资源给即将到达的业务请求，从而进一步提高了网络频谱资源利用率。

图 6-12 同样对比了不同频谱隙请求数量的性能情况，主要是以 5~10 和 10~15 两种情况为例来讨论。从图 6-12 可以看出，在频谱资源利用率方面，MCVC 算法（5~10）的性能明显优于 MCVC 算法（10~15），FF 基准算法也是同样的趋势，因为请求需要的频谱隙越多，在单个纤芯中频谱隙资源不足情况可能性就越大，更小粒度的资源需求有利于超通道构建，从而能够充分利用网络频谱资源，阻塞率性能越好。

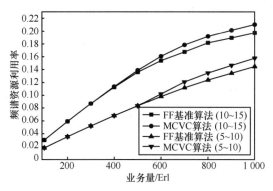

图 6-12　不同业务量下频谱资源利用率性能分析

（3）不同纤芯数量下阻塞率和频谱资源利用率性能分析

在图 6-13 中可以观察到两个算法在多芯光纤中有各自的特点，且性能差异十分明显，以 7 芯、12 芯和 19 芯 3 种纤芯结构为例来探讨。图 6-13（a）展示了 3 种纤芯结构的阻塞率性能对比，可以看出 MCVC 算法和 FF 基准算法的阻塞率均随着多维光网络中纤芯数量而逐渐递减，因为纤芯数量增加带来了更多的频谱资源，有助于容纳更大业务量负载，从而进一步降低了阻塞率。图 6-13（b）展示了 3 种纤芯结构的频谱资源利用率性能对比，MCVC 算法和 FF 基准算法的频谱资源利用率亦是均随着多维光网络中纤芯数量而逐渐递减，由频谱资源利用率定义可知，相同业务量情况下网络中所有被业务占用的频谱隙数量是一样的，但是纤芯数量越大则频谱资源越多，导致频谱资源利用率反而逐渐降低。

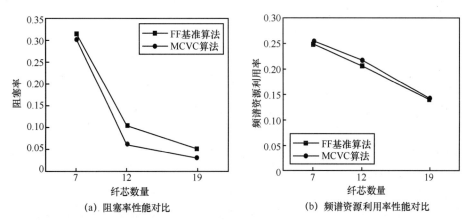

图 6-13　不同纤芯数量下性能对比

同时，横向与 FF 基准算法相比，MCVC 算法在阻塞率和频谱利用率方面都要表现出更好的性能，特别是在纤芯数为 12 芯时可以获得最佳性能，因为 MCVC

算法能够使用跨纤芯的超通道来满足业务请求，充分利用了跨纤芯的频谱空闲碎片资源，尽可能利用更多的可用频谱资源给即将到达的业务请求，缓解了由于单纤芯资源不足或者资源不连续分布而导致的业务阻塞情况，从而进一步提高了网络频谱资源利用率并降低了阻塞率性能。

6.5　本章小结

本章详细介绍了多维复用光网络路由与频谱分配技术。首先，介绍了多维复用光网络的特性，分析了其路由与频谱分配的约束条件；然后详细介绍了 3 类典型的路由与频谱分配方法，即匹配因子最大化的路由与频谱分配方法、污染区域最小化的路由与频谱分配方法、串扰感知的虚级联路由与频谱分配方法，使读者对多维复用光网络路由与资源分配技术有一个比较全面的了解。

参 考 文 献

[1] ZHAO Y, HAN J, TAN Y, et al. Asia Communications and Photonics Conference[C]// Mode and wavelength allocation in multi-dimensional optical networks, Optical Society of America. Piscataway: IEEE Press, 2014: ATh3A. 142.

[2] WEBER H G, LUDWIG R, FERBER S, et al. Ultrahigh-speed OTDM-transmission technology[J]. Journal of Lightwave Technology, 2006, 24(12): 4616-4627.

[3] YAO S, MUKHERJEE B, DIXIT S. Advances in photonic packet switching: an overview[J]. IEEE Communications Magazine, 2000, 38(2): 84-94.

[4] GUILLEMOT C, RENAUD M, GAMBINI P, et al. Transparent optical packet switching: The European ACTS KEOPS project approach[J]. Journal of lightwave technology, 1998, 16(12): 2117-2134.

[5] CHAN V W S. Optical flow switching networks[J]. Proceedings of the IEEE, 2012, 100(5): 1079-1091.

[6] TAKAGI T, HASEGAWA H, SATO K, et al. Dynamic routing and frequency slot assignment for elastic optical path networks that adopt distance adaptive modulation[C]//Optical Fiber Communication Conference and Exposition and the National Fiber Optic Engineers Conference. Piscataway: IEEE Press, 2011: 1-3.

[7] WEN K, YIN Y, G D J, et al. Dynamic on-demand light path provisioning using spectral defragmentation in flexible bandwidth networks[C]// European Conference and Exhibition on

Optical Communication. Piscataway: IEEE Press, 2011: l-3.

[8] CHRISTODOULOPOULOS K, TOMKOS I, VARVARIGOS E. Time-Varying Spectrum Allocation Policies and Blocking Analysis in Flexible Optical Networks[J]. IEEE Journal on Selected Areas in Communications, 2013, 31(1): 13-25.

[9] RAMASWAMI R, SIVARAJAN K N. Routing and wavelength assignment in all-optical networks[J]. IEEE/ACM Transactions on Networking (TON), 1995, 3(5): 489-500.

[10] BRACKETT C A. Dense wavelength division multiplexing networks: Principles and applications[J]. IEEE Journal on Selected Areas in Communications, 1990, 8(6): 948-964.

[11] ESSIAMBRE R J, RYF R, FONTAINE N K, et al. Breakthroughs in photonics 2012: space-division multiplexing in multimode and multicore fibers for high-capacity optical communication[J]. IEEE Photonics Journal, 2013, 5(2): 0701307.

[12] 赖俊森, 汤瑞, 吴冰冰, 等. 光纤通信空分复用技术研究进展分析[J]. 电信科学, 2017(09): 118-135.

[13] MAROM D, BLAU M. Switching solutions for WDM-SDM optical networks[J]. IEEE Communications Magazine, 2015, 53(2): 60-68.

[14] RYF R, CHANDRASEKHAR S, RANDEL S, et al. Physical layer transmission and switching solutions in support of spectrally and spatially flexible optical networks[J]. IEEE Communications Magazine, 2015, 53(2): 52-59.

[15] SHUANG Y, EMILIO H, GEORGE M, et al. Archon: a function programmable optical interconnect architecture for transparent intra and inter data center SDM/TDM/WDM networking[J]. Journal of Lightwave Technology, 2015, 33(8):1586-1595.

[16] MELONI G, FRESI F, IMRAN M, et al. Software-defined defragmentation in space division multiplexing with quasi-hitless fast core switching[J], Journal of Lightwave Technology, 2016, 34(8): 1956-1962.

[17] AMAYA N, IRFAN M, ZERVAS G, et al. Gridless optical networking field trial: flexible spectrum switching, defragmentation and transport of 10G/40G/100G/555G over 620-km field fiber[C]//European Conference and Exhibition on Optical Communication. Piscataway: IEEE Press, 2011.

[18] VELASCO L, KLINKOWSKI M, RUIZ M, et al. Elastic spectrum allocation for variable traffic in flexible-grid optical networks[C]//Optical Fiber Communication Conference. Piscataway: IEEE Press, 2012: JTh2A. 39.

[19] ROTTONDI C, BOFFI P, MARTELLI P, et al. Optimal resource allocation in distance-adaptive few-modes backbone networks with flexible grid[C]//Asia Communications and Photonics. Piscataway: IEEE Press, c2015: 1-3.

[20] SAKAGUCHI J, AWAJI Y, WADA N. Development of carrier-phase synchronization swapper for space-division multiplexed self-homodyne optical networks[C]//European Conference on

Optical Communication. Piscataway: IEEE Press, 2014: 1-3.

[21] ZHAO Y L, ZHANG J, SHU X Z, et al. Routing and spectrum assignment （RSA） in OFDM-based bandwidth-variable optical networks[C]//Opto-Electronics and Communications Conference Kaohsiung. Piscataway: IEEE Press, c2011: 543-544.

[22] SONE Y, HIRANO A, KADOHATA A, et al. Routing and spectrum assignment algorithm maximizes spectrum utilization in optical networks[C]//European Conference and Exhibition on Optical Communication. Piscataway: IEEE Press, 2011: 1-3.

[23] SHAKYA S, CAO X J. Spectral defragmentation in elastic optical path networks using independent sets[C]//Optical Fiber Communication Conference and Position and the National Fiber Optic Engineers Conference. Piscataway: IEEE Press, 2013: 1-3.

[24] JINNO M, KOZICKI B, TAKARA H, et al. Distance-adaptive spectrum resource allocation in spectrum-sliced elastic optical path network [topics in optical communications][J]. IEEE Communications Magazine, 2010, 48(8): 138-145.

[25] TAKAGI T, HASEGAWA H, SATO K, et al. Algorithms for maximizing spectrum efficiency in elastic optical path networks that adopt distance adaptive modulation[C]//2010 36th European Conference and Exhibition onOptical Communication. Piscataway: IEEE Press, 2010: 1-3.

[26] HUANG Y K, IP E, JI P N, et al. Terabit/s optical superchannel with flexible modulation format for dynamic distance/route transmission[C]//Optical Fiber Communication Conference. Piscataway: IEEE Press, 2012: OM3H. 4.

[27] MUHAMMAD A, ZERVAS G, FORCHHEIME R. Resource allocation for space-division multiplexing: optical white box versus optical black box networking[J]. Journal of Lightwave Technology, 2015, 33(3): 4928-4941.

[28] DALLAGLIO M, GIORGETTI A, SAMBO N. Routing, Spectrum, and Transponder Assignment in Elastic Optical Networks[J]. Journal of Lightwave Technology, 2015, 33(22): 71-80.

[29] ZHANG M Y, YIN Y W, PROIETTI R, et al, Spectrum defragmentation algorithms for elastic optical networks using hitless spectrum retuning techniques[C]//Optical Fiber Communication Conference and Exposition and the National Fiber Optic Engineers Conference. Piscataway: IEEE Press, 2013: 1-3.

[30] SAMBO N, CUGINI F, BOTTARI G. Routing and spectrum assignment for super-channels in flex-grid optical networks[C]//European Conference and Exhibition on Optical Communication. Piscataway: IEEE Press, 2012: 1-3.

[31] SONG K J, ZHANG J, ZHAO Y L. Service-oriented spectrum assignment algorithms in flexible bandwidth optical networks[C]//Asia Communications and Photonics Conference. Piscataway: IEEE Press, 2012: 1-3.

[32] HYEON Y C, TSURITANI T, MORITA L. Feasibility demonstration of flexible Tx/Rx for spectrum defragmentation in elastic optical networks[C]//Optical Fiber Communication

Conference and Exposition and the National Fiber Optic Engineers Conference. Piscataway: IEEE Press, 2013: l-3

[33] ANKITKUMAR N, PHILIP N. Supporting dynamic traffic over super-channels in flexible grid optical networks[C]//Opto-Electronics and Communications Conference. Piscataway: IEEE Press, 2014: 1-3.

[34] 朱睿杰. 多维资源光网络虚拟化技术研究[D]. 北京: 北京邮电大学, 2017.

[35] FUJII S, HIROTA Y, TODE H, et al. On-demand spectrum and core allocation for reducing crosstalk in multicore fibers in elastic optical networks[J]. Journal of Optical Communications and Networking, 2014, 6(12): 1059-1071.

[36] TODE H, HIROTA Y. Routing, spectrum and core assignment on SDM optical networks[C]// Optical Fiber Communications Conference and Exhibition (OFC). Piscataway: IEEE Press, 2016: 1-3.

[37] WANG Y, CAO X, HU Q. Routing and spectrum allocation in spectrum-sliced elastic optical path networks[C] // IEEE International Conference on Communications. Piscataway: IEEE Press, 2011:1-5.

[38] ZHANG M Y, YIN Y W, PROIETTI R, et al. Spectrum defragmentation algorithms for elastic optical networks using hitless spectrum retuning techniques[C]//Optical Fiber Communications Conference and Exhibition (OFC). Piscataway: IEEE Press, c2013: l-3.

[39] YU X S, TORNATORE M, XIA M. Migration from fixed grid to flexible grid in optical networks[J]. IEEE Communications Magazine, 2015: 235-239.

[40] PATEL A N, JI P N, JUE J P, et al. Defragmentation of transparent flexible WDM (FWDM) optical networks[C]//Optical Fiber Communication Conference and Exposition and the National Fiber Optic Conference. Piscataway: IEEE Press, 2011: l-3.

[41] HAYASHI T, TARU T, SHIMAKAWA O, et al. Design and fabrication of ultra-low crosstalk and low-loss multi-core fiber[J]. Optics Express, 2011, 19(17): 16576-16592.

[42] TODE H, HIROTA Y. Routing spectrum and core assignment for space division multiplexing elastic optical networks[C]//16th International Telecommunications Network Strategy and Planning Symposium (Networks). Piscataway: IEEE Press, 2014: 1-7.

[43] TU J, SAITOH K, KOSHIBA M, et al. Design and analysis of large-effective-area heterogeneous trench-assisted multi-core fiber[J]. Optics Express, 2012, 20(14): 15157-15170.

[44] PERELLO J, GENE J, LAZARO J. Assessment of flex-grid/SDM backbone networks under inter-core XT-limited transmission reach[C]//International Conference on Photonics in Switching (PS). Piscataway: IEEE Press, 2015: 190-192.

[45] SIRACUSA D, PEDERZOLLI F, KLONIDIS D. Resource allocation policies in SDM optical networks[C]//International Conference on Optical Network Design and Modeling. Piscataway: IEEE Press, 2015.

[46] JINNO M, TAKAR H, KOZICKI B, et al. Demonstration of novel spectrum-efficient elastic optical path network with per-channel variable capacity of 40 Gbit/s to over 400 Gbit/s[C]// ECOC2008 34th European Conference on IEEE. Piscataway: IEEE Press, 2008: 1-2.

[47] PUTTNAM B J, MENDINUETA J M D, SAKAGUCHI J, et al. 210 Tbit/s Self-Homodyne PDM-WDM-SDM Transmission with DFB lasers in a 19-Core Fiber[C]//IEEE Photonics Society Summer Topical Meeting Series. Piscataway: IEEE Press, 2013: 95-96.

第 7 章
多维复用光网络频谱重构技术

在多维复用光网络中，频谱资源碎片使得光网络阻塞率性能恶化；同时，随着提前预留（Advance Reservation，AR）类型业务的不断涌现，光网络中产生的时间维度频谱资源碎片使这一问题更加复杂严重[1]。本章针对多维复用光网络中两种不同的应用场景（即引入频域/空域的二维场景及引入时域/频域/空域的三维场景），分别介绍其频谱重构技术，并对重构效果进行详细分析，拟使读者对多维复用光网络频谱重构技术有一个全面的了解。

7.1 光网络频谱重构技术概述

多维复用光网络可以按照业务需求动态地为其分配合适的频谱，从而实现网络资源的高效利用[2]。随着业务请求的动态到达和离去，网络连接被建立和拆除，频谱资源也被相应地占有和释放。这种空间和时间上大量发生的随机建拆路由使频谱资源被反复释放和重新分配，导致可用频谱处于一种凌乱分布的状态，从而形成了资源碎片[3-5]。频谱分配过程中必须满足频谱连续性和频谱邻接性等多重约束条件，如果不对空闲频谱碎片进行整理的话，较小的频谱碎片资源难以被利用，同时新的频谱碎片又在不断生成，这样一直持续下去，网络的资源利用率将大大降低[6-10]。因此，需要对频谱碎片进行重新规划和整理，在不影响业务带宽的前提下，将业务的频谱位置进行迁移与整合。这种对网络频谱资源优化的过程被称为频谱重构，其重点在于重构方法以及判决机制。

1. 频谱重构方法

频谱重构的核心是将网络中已有业务所占用频谱资源集中化，将网络中空闲频谱资源连续化。频谱重构的本质是有策略的为光路径上的局部业务重新分配路由或重新分配频谱资源。频谱重构的目的在于对网络状态进行优化恢复。具体来说，随着时间的推移，网络状态不断变化，网络运营之初设计的路由和频谱规划策略已不再以最佳状态进行资源分配；此时对于网络运营者，需要定时或以某种机制作为触发条件对网络频谱资源进行优化整理，重构网络中存在的频谱资源碎片，使网络重新回到较优的运行状态[11]。

在弹性光网络中，网络资源频谱重构方案吸引了众多研究者和实验室的关注[12-20]。大多数的碎片整理方案可以分为主动式与被动式两种类型。前者无论网络是否发生阻塞，都会周期性地执行重构方案。其目标是减少某些网络衡量碎片情况的指标值。主动式的重构方案总是在最初建立连接时就最小化带宽碎片[19-20]，但不可避免地随着时间的推移，业务的逐渐增多而出现阻塞现象。

相对于主动式的重构方案，被动式是由业务阻塞触发的，其主要目标是重新排列现有的光路，为原本被阻塞的业务提供频谱资源。文献[21-22]中设计了一种在频谱灵活光网络中具有频谱变换能力的节点结构，并提出了相应的被动式的频谱重构方案。文献[22]提出了一种基于光信道重调的频谱重构技术，并且实现了无中断、无冗余收发机和重平衡操作的频谱重构。文献[23]提出了一种基于独立集的辅助图模型和频谱重构策略以降低阻塞率和提高频谱利用率。文献[24]提出了若干种基于频谱重调技术的带宽无损频谱重构算法。但对于主动和被动两种类型来说，其主要目标均是减少受碎片整理影响的现有路径的数量，从而将服务中断数量降至最低。

2. 频谱重构判决机制

频谱重构可提高频谱碎片利用率进而提高业务请求接入率。在这个过程中，频谱重构判决条件是指网络何时开始或结束频谱重构过程。如果判决条件松弛，将达不到优化网络性能的目的；如果判决条件苛刻，必然会增加网络的负载，耗费更多的资源。因此，合理适度设计频谱重构判决条件是解决频谱重构的关键问题之一。其中，面向受阻业务的频谱重构判决机制和面向网络性能的频谱重构判决机制是两种较为常见的判决机制。

（1）面向受阻业务的频谱重构判决机制

面向受阻业务的频谱重构判决机制是指在网络动态运行过程中，当随机到来的业务连接请求因为没有满足要求的路由或频谱资源而被阻塞时，频谱重构过程被触发；经过一定策略的资源优化及碎片整理过程，为原受阻业务找到一条合适的路由并为其分配满足带宽需求的频谱资源，频谱重构过程结束。该机制根据每个受阻业务的不同需求整理网络资源，其目的是通过频谱重构，使网络能够容纳即将受阻的业务请求。这是一种简单明了的重构策略，触发条件简单，重构目的明确，牵扯到受损业务为网络中的局部业务，重构结束条件简单。这种重构机制在一定网络环境下可显著提高网络对连接请求的接入率，降低网络阻塞率。

在现有研究中，绝大多数研究采用这种重构判决机制[25-29]。例如，在文献[11]中，作者基于面向受阻业务的频谱重构判决机制设计了两种频谱重构算法：分别为贪婪碎片整理算法和最短路径碎片整理算法，这两种算法在容纳当前受阻业务的同时最小化网络当前频谱资源的占用空间。文献[25]设计了一种以"先接后断"方式进行业务重路由的频谱重构算法，DA-SLICE+MBBR 算法在容纳当前受阻业务的同时最小化受损业务个数。

（2）面向网络性能的频谱重构判决机制

面向网络性能的频谱重构判决机制以网络性能值作为触发条件和结束条件，即，当网络当前性能值超过了预设的性能门限值时，频谱重构过程开始；当重构使得网络性能优化，网络性能值落回到预设性能门限值内时，频谱重构过程结束。该机制根据特定网络性能定时、定期规划网络资源，其目的是通过频谱重构，优化网络性能，从而降低网络阻塞率。这是一种面向全网资源的全局优化策略，重构后对网络性能提升效果明显，重构触发条件及结束条件实时性强，所以能够更加准确地反映网络当前运行状态。

文献[30]和[31]采用面向网络性能频谱判决机制的重构策略，在文献[30]中，引入频谱规整度的概念，并用其作为频谱重构的触发条件和结束条件，从而设计出一种基于频谱规整度的重构算法。在文献[41]中提出了频谱资源熵的概念，这个参数反映了全网链路上频谱资源的混乱程度，可以使用其对网络状态的优劣进行评估。

与采用面向受阻业务的频谱重构判决机制相比，采用面向网络性能的频谱判决机制通常是针对全网或较大范围的频谱重构，因此单次重构过程中所涉及的受损业务个数可能较多。但是，从另一个角度来说，后者主要针对全网或网络大范围的资源优化，在经历了这样一次重构过程后，网络能够容纳更多业务请求。因此，在保持同样阻塞率性能前提下，采用面向网络性能的频谱判决机制的重构次数要远远少于采用面向受阻业务的频谱判决机制的重构次数。

多维复用光网络与传统弹性光网络相比，一方面频谱连续性约束被弱化，即信号只要保持在同一频谱段上传输就可以在芯间进行自由交换；另一方面由于引入了更多维度的资源以及芯间串扰的物理约束，频谱碎片化问题更为严重，从而要求频谱重构的时机更为严苛[27-34]。然而目前多维复用光网络中频谱碎片整理的相关研究较少，并且空分复用新技术的引入以及 AR 业务的广泛发展，传统的应用场景逐步演变成了引入空域的二维应用场景以及引入空域、时域的三维应用场景。因此本章将从两种应用场景出发，重点介绍两种不同的多维复用光网络重构技术，采取面向网络性能的频谱重构判决机制，尽最大可能整理更多的网络频谱碎片资源，从而有效地提高网络资源利用率。

7.2 二维频谱重构技术

随着业务需求的与日俱增，已接近上限的单芯光纤容量已经不能满足业务对光纤容量的需求。因此基于多芯光纤的空分复用弹性光网络（即本文所探讨的多维复用光网络）应运而生，该网络在现有弹性光网络基础上，通过引入空分复用技术以满足日益增长的业务需求。但是，新技术的引入注定会带来了新的挑战，如芯间串扰等，由于这种空间维度的引入，网络中将随着时间推移出现大量的多维度的资源碎片，导致网络性能急剧下降、业务阻塞率成倍增加，传统 WDM 光网络或弹性光网络中的重构场景转变为更为复杂的二维（频域、空域）场景。

7.2.1 二维频谱重构模型

本小节主要针对多维复用光网络中频谱重构问题进行建模。多维复用光网络物理底层建模为 $G = (V, E, C)$，其中 V 代表物理底层光节点集合，E 代表物理底层光纤链路集合，C 代表每一条光纤链路中的纤芯集合，其中频谱资源可以简化为每个多芯光纤链路中的频谱隙，每条链路 L $(L \in E)$ 由纤芯集 C 组成，并且每个纤芯具有一组频谱隙，矩阵 A_l 被定义为表示每个链路 L 上不同频谱隙的占用状态。对于端到端的光路连接请求，用 $R(s, d, b)$ 来表示，其中 s 和 d 是光路连接请求的源节点和目标节点，b 是此连接请求所需的带宽资源。将芯间串扰门限值定义为 $XT_{threshold}$，当在物理网络上分配光路连接请求时，应计算请求连接的芯间串扰数值并保证低于 $XT_{threshold}$，在 RCSA 过程中，芯间串扰是必须要考虑的因素。

7.2.2 二维频谱重构方案

本小节将详细介绍异芯同频（Same Spectrums and Different Cores，SS-DC）与同芯异频（Different Spectrums and Same Cores，DS-SC）两种场景下的二维频谱重构方案，它们通过两种不同的机制来实现频谱碎片的迁移和整合。其中，SS-DC 频谱重构方案是指在保持频谱段不变的情况下，将网络中业务连接搬移到同链路不同纤芯上。这一方案能够执行的理论基础是多芯光纤能够在保持频谱段不变的情况下实现纤芯间的自由交换。DS-SC 频谱重构方案是指在同一纤芯上选择其他合适的空闲频谱段。这里应注意，在频谱搬移过程中，时刻要保持路径上频谱的一致性。

1. SS-DC 频谱重构方案

SS-DC 重构方案的主要思想是在保持频谱段不变的情况下，将网络中业务连接搬移到同链路不同纤芯上。通过跨纤芯搬移占有频谱碎片资源的业务连接，不仅能够有效改善当前纤芯的频谱连续度，而且能够有效利用其他纤芯上的频谱碎片资源，从而增加链路的频谱连续性。这一方案能够执行的理论基础是多芯光纤能够在保持频谱段不变的情况下实现纤芯间自由交换的特性。

如图 7-1 所示，在链路 1 上保持第二个频谱隙 S_1 不变，业务连接 R_1 可以从纤芯 0 搬移到纤芯 1 上，链路 2 上的业务连接不需要移动，从而改善纤芯 0 和 1 的频谱状态，特别注意的是在搬移过程中，应充分考虑纤芯间的串扰约束。具体来讲，假设纤芯 0 的 SC 数值小于所设定的门限阈值，说明纤芯 0 的频谱碎片化程度十分严重，将触发频谱重构过程。首先在纤芯 0 上找到所有独立分布的业务连接（例如 R_1 左侧和右侧频谱资源未被占用），保持频谱段不变，在同链路不同纤芯上对 R_1 进行迁移，直到纤芯 0 和目标纤芯的 SC 值均高于 SC 门限阈值或 SC 优于未搬移之前状态，即可认为频谱重构是成功的，图 7-1 将从纤芯 0 搬移到纤芯 1，这也意味着纤芯 0 的频谱连续性得到改善并且没有影响到纤芯 1。

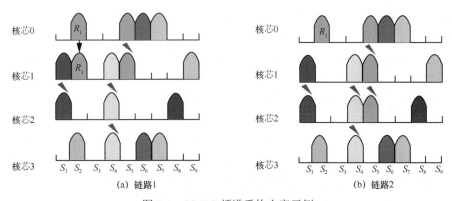

图 7-1 SS-DC 频谱重构方案示例

2. DS-SC 频谱重构方案

DS-SC 频谱重构方案基于上述 SS-DC 重构方案。如果在同链路的其他纤芯上没有可用的频谱资源或者串扰不满足条件，则可以将业务连接迁移到沿着光路的同一纤芯上其他可用频谱段。如图 7-2 所示，保持纤芯 0 不变，业务连接 R_1 可以搬移到链路 1 和 2 上的第一个频谱隙 S_1。特别注意的是，在同纤芯不同频谱段搬移的过程中，一定要满足光路上频谱资源的一致性，路由上其他链路也需要有对应的空闲资源供搬移才行。同时，所搬移光路上的芯间串扰条件也必须满足，直到纤芯 0 的 SC 值高于 SC 门限阈值或 SC 优于未搬移之前状态，即可认为频谱重构是成功的。

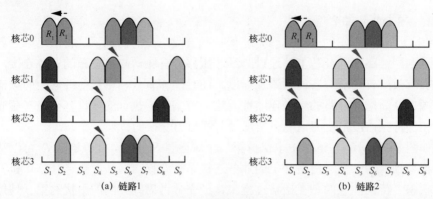

(a) 链路1   (b) 链路2

图 7-2　DS-SC 频谱重构方案示例

7.2.3　二维频谱重构算法

基于上文所述的 SS-DC 频谱重构方案和 DS-SC 频谱重构方案，本小节将详细介绍二维场景下的一种将两方案相结合的串扰感知频谱重构（Spectrum and Core Dimensional Defragmentation，SCD）算法。该算法分为两个阶段：第一个阶段为路由、纤芯与频谱分配阶段，根据合适路由算法选取路径，计算频谱连续度并以此作为纤芯选取标准，即基于频谱连续度的 RCSA；第二个阶段为频谱重构阶段，该阶段分为确定重构对象以及频谱搬移两个步骤，以频谱连续度作为判决指标，确定需要进行重构的对象，之后根据实际情况，执行 SS-DC 或 DS-SC 频谱重构方案，完成频谱资源的调整，提高网络频谱资源的连续性，进而减少频谱碎片。

1. 阶段一

在 SCD 算法流程的第一阶段中，网络在执行 RCSA 过程的同时周期性地对每条链路的频谱连续度 SC^l 进行计算整理，并进行升序排列处理；以频谱连续度作为判决机制，当网络中存在链路集合，它们所有纤芯频谱连续度的均值低于频谱连续度阈值 $SC_{threshold}$，则触发频谱重构过程。

2. 阶段二

（1）确定重构对象

依次遍历频谱连续度低于 $SC_{threshold}$ 的链路 l，计算 l 上所有纤芯的 $SC^{c,l}$，按照 $SC^{c,l}$ 数值大小升序排列，同时依次遍历频谱连续度低于 $SC_{threshold}$ 的纤芯 c，以此选定被重构的纤芯资源对象；获得纤芯 c 上所有处于独立状态的业务连接（左侧和右侧资源均为被占用）并依次遍历碎片业务连接集合，以此选定最终被调整的频谱资源对象。

（2）频谱搬移

确定被调整对象之后，执行频谱重构策略，首先进行第一种方案的尝试，需要判断以下 3 个条件：① 判断链路 l 上除了纤芯 c 的其他纤芯资源的同频谱段资源是否有可用空闲频谱段；② 若存在，判断是否满足搬移过后原宿串扰数值均小于串扰阈值 $XT_{R_x} < XT_{threshold}$；③ 判断是否满足原宿两者的 $SC^{c,l}$ 数值均大于门限阈值或优于搬移前连续度数值。如果满足上述条件，则将原纤芯 c 真正搬移到目标纤芯上的同频谱段，频谱重构成功。

若不满足上述条件中的任意一条，则执行第二种方案的尝试，该方案需要判断以下类似条件：① 链路 l 的纤芯 c 上其他频谱段是否有空闲频谱资源；② 若存在，判断搬移过后纤芯 c 和其他光路上的串扰数值是否满足均小于串扰阈值 $XT_{R_x} < XT_{threshold}$。③ 判断纤芯 c 和其他光路上 $SC^{c,l}$ 数值是否满足均大于门限阈值或优于搬移前连续度数值。如果满足上述条件，则将纤芯 c 上和光路上保持频谱一致性的频谱资源一起真正搬移到目标频谱段上，最后频谱重构成功。若不满足上述条件，则继续遍历链路 l 上其他纤芯，直至所有低于 $SC_{threshold}$ 的纤芯集合和链路集合均遍历结束，重构算法结束。

SCD 算法、SS-DC 频谱重构子算法和 DS-SC 频谱重构子算法的具体细节描述如下。

算法 7-1　SCD 算法

输入　底层物理网络 $G=(V, E, C)$，现有光路

输出　新光路分布

1. 计算网络中 M 条链路的 SC^l，按升序排列，依次遍历低于 $SC_{threshold}$ 的链路 l；

2. 　计算链路 l 上 t 个纤芯的 $SC^{c,l}$，按升序排列，依次遍历低于 $SC_{threshold}$ 的纤芯 c；

3. 　　如果 $SC^{c,l} < SC_{threshold}$，

4. 　　　遍历链路 l 纤芯 c 上所有碎片业务连接 R_i；

5. 　　　获取链路 l 上其他纤芯同频谱段资源；

6. 　　　如果链路 l 上其他纤芯 $t(t \geq 1)$ 存在空闲的同编号频谱段，

7. 　　　　执行 SS-DC 搬移策略；

8. 　　　否则，

9. 　　　　获取链路 l 同纤芯的其他频谱段资源；

10. 　　　　如果链路 l 同纤芯存在其他空闲的频谱段 $q(q \geq 1)$，

11. 　　　　　执行 DS-SC 搬移策略；

12. 　　　　否则，

13. 　　　　　继续遍历链路 l 上其他纤芯；

14. 　　　否则，继续遍历下一个纤芯，

15. 　　遍历完所有低于 $SC_{threshold}$ 的纤芯；

16. 遍历完所有低于 $SC_{threshold}$ 的链路；

17. 重构过程结束。

算法 7-2 SS-DC 频谱重构子算法

1. 遍历链路 l 上其他纤芯（$j = 1; j < t + 1; j + +$）；

2.　　计算假定搬移纤芯过后原纤芯 c 和目标纤芯 j 的 $SC^{c,l}$ 数值；

3.　　如果搬移过后原宿两者的 $SC^{c,l}$ 数值均大于门限阈值或优于搬移前连续度数值，

4.　　　计算搬移过后原宿两者带来的串扰数值；

5.　　　如果 $XT_{Rx} < XT_{threshold}$，

6.　　　　则将原纤芯 c 真正搬移到目标纤芯 j 上的同频谱段；

7.　　　　频谱重构成功；

8.　　　　否则，

9.　　　　　继续遍历下一个纤芯；

10. 遍历完所有目标纤芯；

11. 子算法结束。

算法 7-3 DS-SC 频谱重构子算法

1. 遍历链路 l 上同纤芯的其他频谱段（$j = 1; j < q + 1; j + +$）；

2.　　计算假定搬移频谱段到目标频谱段 j 过后纤芯 c 的 $SC^{c,l}$ 数值；

3.　　　如果搬移过后纤芯 c 和光路上保持频谱一致性的频谱资源 $SC^{c,l}$ 数值均大于门限阈值或优于搬移前连续度数值；

4.　　　　计算搬移过后纤芯 c 和光路上保持频谱一致性的频谱资源两者新的串扰数值；

5.　　　如果 $XT_{Rx} < XT_{threshold}$，

6.　　　　则将纤芯 c 上和光路上保持频谱一致性的频谱资源一起真正搬移到目标频谱段 j 上；

7.　　　　频谱重构成功；

8.　　　　否则，

9.　　　　　继续遍历下一个频谱段；

10. 遍历完所有目标纤芯；

11. 子算法结束。

在 SCD 算法流程中，SS-DC 频谱重构和 DS-SC 频谱重构的子算法分别在第 7 步和第 11 步，第 10 步在同一纤芯中查找沿光路的可用空闲频谱段，其时间复杂度为 $|T|$。SS-DC 频谱重构子算法中第 1 步的最差时间复杂度是 $2|s|$，第 3 步计算受串扰影响的资源情况，其最差时间复杂度为 $|s|$，第 6 步将选定业务连接迁移到满足所有条件的目标纤芯上，其最差时间复杂度也是 $|s|$。综上，可得知 SCD 算法的最差时间复杂度是 $O((MT)\text{lb}(MT) + (ST))$。

7.3　三维频谱重构技术

随着光网络中各种新应用和服务的出现，不同的业务请求类型对光网络提出了新的要求，希望其能够提供不同等级的服务质量。其中，AR 业务是一种非常重要和必须考虑的业务请求，在未来网络业务中将占据巨大的份额。即时预留（Immediate Reservation，IR）业务要求业务到达时立即为其分配网络资源，而 AR 业务需要提前为它们预留网络资源，具有到达时间、开始时间、持续时间、结束时间和截止时间这 5 个时间特性（按时间顺序排列）。

AR 业务根据上述时间特性，通常分为时间固定型和时间灵活型两种类型[35]。前者具有特定的服务开始时间和持续时间，而后者具有灵活的滑动时间窗口。这意味着对于时间灵活型的 AR 业务，开始和结束时间不是特定的时间点，而是一段灵活的时间范围。AR 业务不断涌现带来了时间维度特性，使得网络中很容易产生时间维度资源碎片，导致频谱重构问题更加复杂，前述的二维（频域、空域）应用场景演变成三维（时域、频域、空域）应用场景。以下将针对 AR 业务重配置的三维频谱重构算法进行介绍。该算法考虑了 AR 业务滑动时间窗口这一关键特性，实现了对时域、频域和空域 3 种维度频谱碎片资源的高效重配置，可有效提高网络的频谱利用率。

7.3.1　三维频谱连续度度量

因为引入了 AR 业务时间维度特性，第 6 章所介绍的频谱纤芯二维频谱连续度度量公式已不再适用。本小节将时间因素引入到二维频谱连续度的概念，介绍一个新的带有时间特性的 SC 度量，用于评估当前网络中时域与空域频谱资源的状态，被称为时域维度频谱连续度（Time-Dimensional Spectrum Compactness，TSC）。

1. 时域维度频谱连续度定义

TSC 公式定义如式（7-1）所示，T_t 表示计算链路 l 上纤芯 c 频谱连续度的当前时间，$S_{\min}^{c,l}$ 和 $S_{\max}^{c,l}$ 分别表示链路 l 的纤芯 c 上某块频谱资源最小和最大频谱隙序号，相应的纤芯上总的频谱隙数量为 $(S_{\max}^{c,l} - S_{\min}^{c,l} + 1)$；在 T_t 时刻，链路 l 的纤芯 c 上第 i 条光路所占用的频谱隙总数量表示为 $B_{iT_t}^{c,l}$，链路 l 的纤芯 c 上第 j 段频谱段中总的可用频谱块的数量表示为 $g_{jT_t}^{c,l}$；$G^{c,l}$ 表示在链路 l 的纤芯 c 上所有空闲可用的频谱隙数量。

$$\text{TSC}_{T_t}^{c,l} = \frac{(S_{\max}^{c,l} - S_{\min}^{c,l} + 1)T}{\sum_{i=1}^{P} B_{iT_t}^{c,l}} \times \frac{\sum_{j=1}^{G^{c,l}} g_{jT_t}^{c,l}}{G^{c,l}} \tag{7-1}$$

对于某一时刻 T_t 到达的新光路连接请求，首先在链路 l 的纤芯 c 中，从左往右预分配每一个可用频谱段 $G^{c,l}$ 上找到所有可能的分配方式，进而根据平均串扰计算出所有可能分配方式的串扰数值及其对应的相邻纤芯因受光路建立造成频谱重叠而被动带来的串扰数值，两者中如果有一个超过串扰门限值，则其所对应的分配方式不可行，不会选择该分配方式，频谱隙同时也会被标记为不可用。综上，它代表了可以使用的空闲频谱段可能性大小，频谱连续度越大，已使用的频谱段资源越规整，可用空闲频谱段越连续，可接受光路连接使用的概率越大。

2. 时域维度频谱连续度示例

图 7-3 直观清晰地表示了频谱连续度的计算过程，每个时隙模块代表不同业务连接，假设每个时隙具有相同的时间长度。如图 7-3 所示，以 T_3 时刻的链路 1 上纤芯 c_0 为例，最大频谱隙序号 $S^{c,l}_{\max}$ 为 7，最小频谱隙序号 $S^{c,l}_{\min}$ 为 2，占用的频谱隙总数量为 4，则式（7-1）第一项表示为 $\frac{7-2+1}{4}$。同时，纤芯 c_0 上可用频谱隙的总数量为 4，可用频谱块的数量为 2，因此，式（7-1）第二项表示为 $\frac{2+2}{2}$。最后，可以得到链路 1 上纤芯 c_0 的频谱连续度为 3。

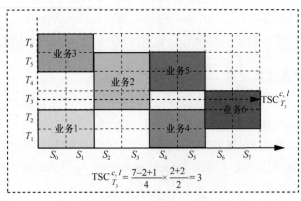

图 7-3 TSC 的计算过程

从 TSC 的定义可以看出，它代表了时域和空域维度上空闲频谱段能够使用的可能性大小，可以综合衡量每根光纤在时间和频谱维度的资源状态，频谱连续度越大，已使用的频谱段资源越规整，可用空闲频谱段越连续。本小节选取在某一时刻的频谱连续度作为频谱重构过程触发的判决指标。与此同时定义了重灾 TSC 概念，即 SC 数值远远低于门限阈值的时刻，此时的频谱碎片化程度十分严重。如图 7-3 所示，在 T_3 时刻，业务 2 连接 A_2 和业务 6 连接 A_6 分别占用频谱隙[2,3] 和频谱隙[6,7]，导致该时刻的频谱连续度远远低于门限阈值，其中 T_3 是发生重灾 TSC 的时刻，为了处理这种非最佳分配的情况，将在之后详细介绍针对 AR 业务的重配置算法，旨在平衡网络中的时域与空域频谱碎片，有效提高频谱利用效率。

7.3.2　三维频谱重构模型

本小节主要对多维复用光网络中三维场景重构问题进行建模。三维场景中需要考虑两种类型的业务请求，即 IR 业务请求和 AR 业务请求。其中，IR 业务需要立即提供资源以供分配，而 AR 业务允许有初始延迟，允许使用预留时间。将这些业务请求表示为 $t_d(t_s,t_e,t_d,p,s)$，其中 t_s 和 t_e 分别代表业务请求准确的开始时间和结束时间，t_d 是截止时间，p 表示所预留的原宿节点之间路径，s 表示在时间范围 $[t_s,t_e]$ 之间路径 p 上所预留的频谱隙资源。

在 AR 场景中，频谱资源不仅在链路和频谱维度上被标记，而且在时域维度上也需要被标记。为了准确评估多维资源状态，构建了一个三维资源模型。如图 7-4 所示，三个维度分别是时间、频谱资源、链路上的纤芯资源。

假设每个时隙具有相同的长度，图 7-4 显示了链路 l 上所有纤芯的频谱分布状态，图 7-4 中用虚线框标记的二维平面表示纤芯 0 中所处的频谱状态，在该二维平面中，频谱隙为 0～1 且时间居于 0～2 的业务连接设定为 A_1，频谱隙为 1～2 的业务连接设定为 A_2，频谱隙为 0～1 且时间居于 4～7 的业务连接设定为 A_3，频谱隙为 3～4 的业务连接设定 A_6，且它们都是 AR 业务，分别编号为 1、2、3 和 6，该平面剩余其他频谱隙都是 IR 业务。

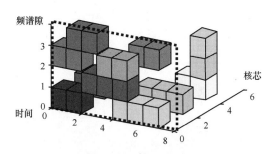

图 7-4　三维资源模型

已有大量学术工作研究了如何在频谱分配过程中减少频谱碎片的产生，其中也有考虑 AR 业务场景的情况，但都主要关注 RSA 问题而不是频谱碎片重构问题。因此基于上述三维资源模型和 AR 业务的时间预留特性，重点介绍针对 AR 业务重配置的频谱碎片重构问题。

7.3.3　三维频谱重构方案

本小节将详细介绍基于 AR 业务重配置的三维频谱重构方案，使用不同类型的参数可能导致不同的重配置结果和频谱效率，因此，将从时间重配置（Time

Re-Allocated, RE-T) 方案及频谱和时间重配置 (Frequency Spectrum and Time Re-allocate, RE-FT) 方案两个方面展开，并分别对其性能效果进行研究。其中前者是指保持路径和频谱位置不变，在 AR 业务滑动时间窗口范围内，将重灾 TSC 时刻的业务调整到最佳 TSC 度量的目标时刻的相同频谱段。这一策略能够执行的理论基础是 AR 业务的滑动时间窗口可以在该 AR 业务的到达时间和截止时间范围内任意滑动。后者是指保持路径不变，在 AR 业务滑动时间窗口范围内，将重灾 TSC 时刻的业务调整到最佳 TSC 度量的目标时刻的相同频谱段或者目标时刻其他的空闲频谱段。以下将分别介绍这两种重配置方案，并以此为基础详细介绍一种串扰感知频谱碎片整理算法。

1. RE-T 方案

针对网络中的一个 AR 业务 $r_{c,l}^t$，其表示为 $r_A(t_s, t_e, t_d, p, s)$，时间重配置方案主要思想是保持现有路径和频谱隙不变，在遵循滑动时间窗口滑动规则的前提下只调整该 AR 的开始时间和结束时间。在滑动时间窗口范围内，RE-T 方案试找到具有最优 TSC 度量的最佳时刻，将业务调整到目标时刻，需要注意的是目标时刻的滑动窗口不能超过截止时间。

如图 7-5 所示，在网络中分别为 AR 业务 2 和 AR 业务 6 预留了时间段[3,5]和[2,3]，它们的滑动时间窗口分别为[3,6]和[2,5]。假定这样的频谱分布会使时刻 3 成为重灾 TSC 时刻，进而触发对时刻 3 上 AR 业务的调整和迁移。其一是 AR 业务 6 的迁移，RE-T 方案可以将 AR 业务 6 从时间段[2,3]迁移到时间段[4,5]以改善时刻 3 的承载性能，其二对于 AR 业务 2，RE-T 可以将其从[3,5]迁移到[4,6]以改善时隙 3 处的承载性能。

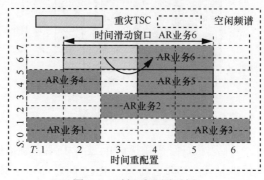

图 7-5　时间重配置示例

2. RE-FT 方案

针对网络中的一个 AR 业务 $r_{c,l}^t$，其表示为 $r_A(t_s, t_e, t_d, p, s)$，时间和频谱重配置方案将仅保留现有路径，并尝试同时调整 AR 业务时间和频谱段。为了在时域和频域维度上实现联合优化，RE-FT 方案首先以找到最佳目标时刻的 RE-T 方案为第一步，若相同目标时刻频谱段不满足所有条件，RE-FT 方案将沿着光路为业务寻找合适的其他频谱段，该过程的光路频谱段调整需要严格遵循连续约束。

如图 7-6 所示，在网络中分别为 AR 业务 2 和 AR 业务 6 预留了时间段[3,5]和[2,3]，它们的滑动时间窗口分别为[3,6]和[2,5]。假定这样的频谱分布会使时刻 3 成为重灾 TSC 时刻，进而触发对时刻 3 上 AR 业务的调整和迁移，如对 AR 业务 6 的迁移。RE-FT 方案将 AR 业务 2 从时间段[2,3]首先迁移到时间段[3,4]，计算时刻 3 的 TSC 值，若这样的时间滑动没有改善时刻 3 的 TSC 值，下一步是寻找时间段[3,4]的其他空闲频谱段来重配置，频谱段[0,1]满足所有条件，且改善了时刻 3 的频谱连续度性能，则将 AR 业务 6 重配置到时间段[3,4]的频谱段[0,1]。

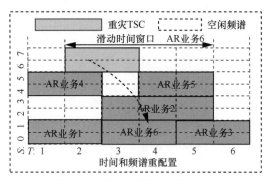

图 7-6　时间和频谱重配置示例

7.3.4　三维频谱重构算法

基于上文所述的 RE-T 方案和 RE-FT 方案，本小节将详细介绍三维场景下的将两方案相结合的串扰感知频谱重构算法。该算法分为两个阶段：第一个阶段为路由、纤芯与频谱分配阶段，根据合适路由算法选取路径，计算时域维度频谱连续度作为纤芯选取的指标，即基于时域维度频谱连续度的 RCSA；第二个阶段为频谱重构阶段，以时域维度频谱连续度作为判决指标，当低于频谱连续度设定阈值时触发频谱重构过程，执行 RE-T 或者 RE-FT 策略，完成时间和频谱资源的重配置，提高网络频谱资源的连续性，进而减少频谱碎片。

三维结构中纤芯 0 上虚线框的二维平面如图 7-7 所示。以此图为例，AR 业务 1～5 已在网络中分配了对应的资源，对于即将到来的 AR 业务 6 已在网络中预留了时间段[2,3]的两个频谱隙。经周期性计算，因为 AR 业务 6 的到来会导致时刻 3 的 TSC 值远低于阈值，造成时刻 3 碎片化程度十分严重。因此，重新提供某些调度方法以实现时刻 3 更高的 TSC 性能十分必要。RPS 算法旨在通过以下流程来改善上述情况，首先找出 TSC 值低于预定阈值的时间–频谱对；其次找出导致上述重灾 TSC 时刻的所有 AR 业务；最后释放某些 AR 业务占用的频谱资源并重新配置它们以平衡整体 TSC 值。

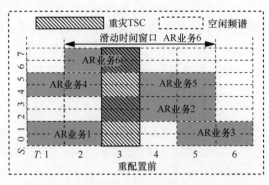

图 7-7 频谱重灾 TSC 状态示例

1. 串扰感知三维频谱重构算法

RPS 算法具体描述如下。首先，通过对网络资源周期性地计算，即遍历网络中所有链路的每个纤芯资源，并计算纤芯上所有 AR 业务的每个未来预留时隙 TSC 值 $TSC^{t,c,l}$；以预设定的频谱连续度作为判决指标，将 $TSC^{t,c,l}$ 值低于 TSC 阈值的 (t,c,l) 组合放入重灾 TSC 集合 TSC_{hv} 中，并按照升序排列；遍历集合 TSC_{hv}，获取 (t,c,l) 组合在 t 时刻链路 l 的纤芯 c 上所有业务连接集合 $R^t_{c,l}$；遍历 $R^t_{c,l}$ 中所有的 AR 业务，对这些重灾 TSC 时刻的 AR 业务进行重配置，执行 RE-T 算法或者 RE-FT 算法。

由于 AR 业务可能占用多个重叠的时间–频谱段，必须要逐个移除重叠的 AR 业务直到原时刻 TSC 值得以提升。如图 7-7 所示，在时刻 3 的 TSC 值远低于阈值，且 AR 业务 2 和 AR 业务 6 同时在此时刻重叠，对于 AR 业务 6，滑动时间窗口是时间段[2,5]，可以执行不同的重配置方案以改善频谱连续性。在 RPS 算法中，两个重配置方案的功能在第 14 步，具体描述如下。

算法 7-4 RPS 算法

输入 底层物理网络 $G(V, E, C)$，AR 业务集合 R；

输出 重配置的 AR 业务集合 R'

1. 遍历网络中所有光纤链路 $l \in E$；
2.   遍历链路 l 上所有纤芯 $c \in C$；
3.   遍历纤芯 c 上所有未来预留时隙 $t(0<t<T)$；
4.   计算链路 l 上纤芯 c 所有未来时隙 t 的 $TSC^{t,c,l}$；
5.   如果 $TSC^{t,c,l}$ 值低于阈值，
6.   按照升序排列将 (t,c,l) 组合放在重灾 TSC 的集合 TSC_{hv} 中；
7.   否则，继续遍历未来其他时隙；

8.　　　直至遍历结束；

9. 直至遍历结束；

10. 遍历重灾 TSC 集合 $(t,c,l) \in SC_{hv}$；

11.　　　获取 (t,c,l) 组合在 t 时刻链路 l 的纤芯 c 上所有业务连接集合 $R_{c,l}^{t}$；

12. 直至遍历结束；

13. 遍历所有重灾 TSC 的业务连接 $r_{c,l}^{t} \in R_{c,l}^{t}$；

14.　　　分别执行 RE-T 算法与 RE-FT 算法重配置业务连接 $r_{c,l}^{t}$；

15. 直至遍历结束。

2. RE-T 算法

RE-T 算法核心思想是保持路径、纤芯和频谱隙资源不变，在滑动时间窗口内计算 AR 业务 $r_{c,l}^{t}$ 所有时隙的 $TSC^{t,c,l}$，按照降序排列在集合 $OR_{t_0}^{c,l}$ 中，并在集合中选择满足以下条件的目标时间：① 对应的频谱隙空闲；② 重配置到目标时间带来的串扰不超过串扰阈值；③ 原宿时间的 TSC 值均优于重配置之前。通过这种时间重配置方案，可以找到适当的目标时间进行迁移调整，改善频谱连续性。细节描述如下。

算法 7-5　RE-T 算法流程

输入　一个 AR 业务 $r_{c,l}^{t}$；

输出　重配置后的 AR 业务 $r_{c,l}^{t}$；

1. 遍历所有未来预留时隙 $t(t_{pres} < t < t_d - (t_e - t_s))$；

2.　　　计算 $r_{c,l}^{t}$ 在时间段 $[t, t + (t_e - t_s)]$ 内所有时隙的纤芯 $TSC^{t,c,l}$，按照降序排列在集合 $OR_{t_0}^{c,l}$ 中；

3.　　　直至遍历结束；

4. 遍历 $OR_{t_0}^{c,l}$ 中与 $r_{c,l}^{t}$ 同链路同纤芯同频谱段的其他目标时隙 $t_0 \in [(t_{pres}, t_d - (t_e - t_s))$；

5.　　　预释放原时隙 t 占用的频谱隙，并重配置到目标时隙 t_0 的对应频谱隙；

6.　　　计算重配置带来原宿位置的串扰影响数值；

7.　　　计算原宿时刻的纤芯 TSC 值，分别为 $TSC_{original}^{t,c,l}$ 和 $TSC_{oriented}^{t,c,l}$；

8.　　　如果存在空闲频谱，且 $XT_0 < XT_{threshold}$，$TSC_{original}^{t,c,l} < TSC_{oriented}^{t,c,l}$，

9.　　　将 AR 业务 $r_{c,l}^{t}$ 从 t 时刻重配置到 t_0 时刻，保持链路、纤芯和频谱隙不变；

10. 重构成功；

11. 否则，

12.　　　不执行重配置，资源回滚；

13.　　　执行 RE-FT 算法复写；

14. 直至遍历结束。

3. RE-FT 算法

RE-FT 算法是在 RE-T 算法的基础上进一步对频谱资源进行配置。首先，保持光路纤芯不变，获取 AR 业务 $r_{c,l}^{t}$ 目标时刻 t_0 的其他空闲频谱段集合，对于集合中的每个备选时刻，如果满足以下 3 个条件，① 对应的频谱隙空闲；② 重配置到目标时间的目标频谱段带来的串扰不超过串扰阈值；③ 重配置到目标频谱段之后，整条光路 TSC 值均大于 TSC 阈值或者 TSC 优于重配置之前，则尝试将 AR 业务 $r_{c,l}^{t}$ 从时刻 t 重配置到时刻 t_0 的目标频谱段，重配置应保持光路上的频谱一致性。通过 RE-FT 算法，可以找到合适的时间与合适的频谱资源进行迁移调整。注意，RE-T 算法与 RE-FT 算法不同之处在第 13 步，前者不执行第 13 步，后者需要执行第 13 步，细节描述如下。

算法 7-6　RE-FT 算法

1. 对于 AR 业务 $r_{c,l}^{t_0}$，保持光路纤芯不变，获取目标时刻 t_0 其他频谱段；

2. 如果在目标时刻 t_0 存在空闲 $q(q \geqslant 1)$ 个的频谱段，

3.　　遍历 q 个频谱段（$j=1; j<q+1; j++$）；

4.　　　分别计算在目标时刻 t_0 纤芯上原频谱段和重配置后目标频谱段 j 的 TSC；

5. 数值 $\text{TSC}_{\text{oriented}}^{t_0,c,l}$，注意是保持光路上的频谱一致性；

6.　　　如果重配置到目标频谱段 j 后整条光路 $\text{TSC}_{\text{oriented}}^{t_0,c,l}$ 均大于 TSC 阈值或者 TSC 优于重配置之前，

7.　　　　计算重配置带来整条光路上的串扰影响数值；

8.　　　　如果 $\text{XT}_0 < \text{XT}_{\text{threshold}}$，

9.　　　　保持路径不变，将 AR 业务 $r_{c,l}^{t}$ 从时刻 t 重配置到时刻 t_0 的新频谱段 j，重配置应保持光路上的频谱一致性，频谱重构成功，

10.　　　否则，继续遍历下一个频谱段；

11.　　否则，继续遍历下一个频谱段；

12.　直至遍历结束；

13. 否则，结束并返回该流程。

在 RPS 算法中，两种重配置方案在第 14 步执行，第 1～9 步获取网络中处于重灾 TSC 时刻的资源集合，时间复杂度为 $3|T|$；第 11 步获取重灾 TSC 时刻的业务连接集合，最差时间复杂度为 $|S|$；设定第 14 步时间复杂度为 $|R|$，则 RPS 算法的总和时间复杂度为 $O((ECT)\text{lb}(ST+RT))$。其中 RE-T 算法的时间复杂度 $|R|$ 为 $O(t_d - (t_e - t_s) - t_{\text{pres}})$，RE-FT 算法的时间复杂度 $|R|$ 为 $O(q)$。

🔍 7.4　仿真结果分析

7.4.1　仿真环境设置

为了评估二维场景下的 SCD 算法和三维场景下的 RPS 算法,将介绍两种算法的仿真性能。仿真程序运行在 CPU 型号为 Intel 酷睿 i7-3770、频率为 3.4 GHz、4 GB 内存容量的计算机上,在 IntelliJ IDEA 2017 环境下使用 Java 语言实现。仿真采用具有 14 个节点和 21 条链路的 NSFNET 拓扑,仿真结果最终采取的是 10 次模拟实验的平均数值。仿真具体设定的参数描述如下。

① 每个物理节点上配置可切换的收发器,每条光链路配置一个 7 芯 MCF,每个纤芯中有 320 个频谱隙。

② 每个频谱隙设置为 12.5 GHz,保护频带假设为 25 GHz(2 个时隙)。

③ 光纤参数 k, r, β, w_{th} 分别设置置为 $3.16 \times 10^{-5}, 55\ \text{mm}, 4 \times 10^{6}, 45\mu$,串扰门限阈值设定为 -32 dB。

④ 业务请求到达遵循泊松分布,每分钟 λ 请求的速率,业务离去率 $\mu(\mu = 1)$。

⑤ 采用 BPSK 调制格式,业务请求的流量需求已转换为所需的频谱隙数量。

⑥ 业务请求频谱隙数量在 1~10 之间随机生成。

⑦ 仿真随机生成 100 000 个业务请求,每个请求的源节点和目标节点亦是随机生成的。

⑧ 预设频谱连续度阈值分别为节点 10 和节点 50 来对比讨论 CASD 算法。

⑨ 采取 K 最短路径算法计算 K 条备选路由。

⑩ 采取 FF 基准算法作为基准算法。

⑪ 三维场景参数:业务持续时间 $t_{holding}$ 具有呈现参数 $\mu(\mu = 1)$ 的负指数分布,每个请求的截止时间生成为 $t_d = t_s + t_{holding} + t_{sliding}$,提前预留业务的滑动窗口 $t_{sliding}$ 大小按照与业务持续时间 $t_{holding}$ 相同的负指数分布生成。

⑫ 三维场景基准算法:先前工作中的 FF 基准算法仅考虑即时预留业务。为了使其具有可比性,后续在 FF 基准算法中考虑了 AR 业务,对其时域维度进行了扩展。

7.4.2　二维频谱重构性能分析

① 阻塞率(BP)。阻塞率评估在一个指定时间段内无法被提供服务的业务请求数量,通常讨论在不同业务量情况下的性能趋势,其可直观准确地评估算法性能,阻塞率=所有失败的业务请求/所有业务请求。

② 频谱资源利用率（SU）。频谱资源利用率评估在一个指定时间段内物理链路的频谱资源使用情况，其可直观准确地评估算法性能，频谱资源利用率＝网络中所有被业务占用的频谱隙数量/总的频谱隙数量。

③ 频谱搬移次数（Spectrum Moving Times，SMT）。频谱搬移次数评估在一次频谱重构从开始到结束过程中频谱资源总共迁移和调整成功的次数，能够准确展示频谱迁移成功或失败结果，频谱搬移次数＝频谱搬移总次数/频谱搬移成功次数。

④ 频谱重构时延（Spectrum Re-Provisioning Latency，SRL）。频谱重构时延是碎片整理的性能成本参数，它指的是频谱碎片整理整个过程所需要消耗的时间，以 s 为单位计量。频谱重构时延评估的是从频谱重构过程触发到频谱重构成功所经历的时间，在弹性光网络中有一个类似的概念，被称为平均操作次数。

⑤ 不同频谱连续度阈值性能对比（阻塞率与频谱利用率）。为评估频谱连续度阈值参数变量，在业务量为 295 Erl 下，探讨不同频谱连续度阈值（10～50）情况下的分布规律。

频谱重构过程中存在激光切换和转发设备的重新配置，在频谱迁移调整时可能存在业务中断，所以需要上述第 3 点和第 4 点所介绍的成本性能来同时评估 SCD 算法。基于上述参数探讨对比了多个方面的性能：① 频谱连续度阈值设定为 10 的 SCD 算法、频谱连续度阈值设定为 50 的 SCD 算法与 FF 基准算法三者在 NSFNET 拓扑结构下的阻塞率与频谱资源利用率性能对比；② 频谱连续度阈值设定为 10 的 SCD 算法、频谱连续度阈值设定为 50 的 SCD 算法在 NSFNET 拓扑结构下的频谱搬移次数性能对比；③ 频谱连续度阈值设定为 10 的 SCD 算法、频谱连续度阈值设定为 50 的 SCD 算法在 NSFNET 拓扑结构下的频谱重构时延性能对比；④ SCD 算法与 FF 基准算法在 NSFNET 拓扑结构下的不同频谱连续度阈值设定情况下性能对比。

1. 不同业务量下阻塞率性能分析

基于仿真结果评估所介绍的 SCD 算法。首先，在阻塞率性能方面比较了所介绍的 SCD 算法和 FF 基准算法。FF 基准算法通过 SC 度量的串扰感知算法分配实现频谱重构，但没有碎片整理过程，而 SCD 算法使用不同 SC 阈值触发来实现频谱重构，其在阻塞率性能有所差别。图 7-8 展示了 NSFNET 拓扑结构的阻塞率，图中可观察到，业务量在 270～320 Erl 的情况下，阻塞率曲线遵循相同的半 U 型增长趋势。

此外，相比于 FF 基准算法，在整个业务量范围内 SCD 算法能够显著降低网络的阻塞率性能，这是因为 SCD 算法有效重构了频谱碎片资源，提高了频谱资源的连续性；而 FF 基准算法具有更高的阻塞率，主要是因为当请求动态到达和离开时，不断地建/拆路会产生大量频谱碎片，许多新业务请求无法使用这些碎片资源，从而造成业务阻塞。

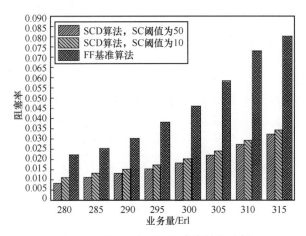

图 7-8　不同业务量下阻塞率性能分析

SCD 算法比 FF 基准算法多执行了频谱重构过程，可以执行频谱碎片整理和重分配以缓解碎片问题，如保持相同频谱隙不变的情况下寻找不同纤芯上的供迁移资源或者保持相同纤芯的情况下寻找不同编号的供迁移频谱段以服务于阻塞请求，有效改善链路上频谱连续性。根据仿真计算，SCD 算法相比于 FF 基准算法最大能降低 46.82%的阻塞率。

图 7-8 中也比较了 SCD 算法分别在 SC 阈值为 10 和 50 情况下的阻塞率性能，结果发现，SC 阈值为 50 的阻塞率性能略优于 SC 阈值为 10 的阻塞率性能。这是因为 SC 阈值越大，连续度越容易达到门限数值，触发频谱重构过程就越频繁，更多次数的频谱迁移和调整能够带来更好的频谱连续性，所整合的频谱碎片越能够被新业务所分配，网络阻塞率性能越好。

2. 不同业务量下频谱资源利用率性能分析

图 7-9 展示了在业务量从 270～320 Erl 变化的情况下，SCD 算法及 FF 基准算法的频谱资源利用率。图中可观察到，频谱资源利用率均随着业务量的增大而持续上升。

此外，相比于 FF 基准算法，SCD 算法能够显著提升网络的频谱资源利用率性能，这是由于 SCD 算法执行的频谱重构过程可以有效地整合频谱碎片资源，充分利用跨纤芯的频谱空闲碎片资源，尽可能利用更多的可用频谱资源分配给即将到达的业务请求，从而进一步提高网络频谱资源利用率。根据仿真，SCD 算法相比于 FF 基准算法最大能提高 5.64%的频谱资源利用率。

图 7-9 中结果还表明, SC 阈值为 50 的 SCD 算法可以实现比 SC 阈值为 10 的 SCD 算法更高的频谱资源利用率, 因为 SC 阈值为 50 的 CASD 方案可以触发频谱重构操作的次数更多, 有更多机会整合频谱碎片资源, 使得频谱状态更紧凑、更连续, 实现了更高的网络频谱资源利用率。

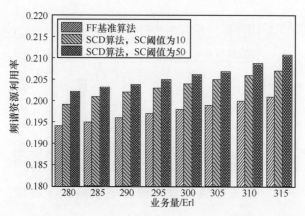

图 7-9　不同业务量下频谱资源利用率性能分析

3. 不同业务量下频谱搬移次数性能分析

图 7-10 展示了在业务量满足从 270～320 Erl 变化的情况下，SCD 算法及 FF 基准算法在 NSFNET 拓扑结构的频谱搬移次数曲线。从图 7-10 中可以看出，频谱搬移次数均随着业务量的增大而缓慢上升，业务量越大，网络中频谱状态越复杂，触发的频谱搬移次数就越多。

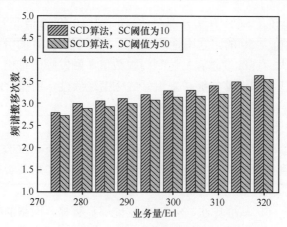

图 7-10　不同业务量下频谱搬移次数性能分析

此外，SC 阈值为 50 时的 SCD 算法的频谱搬移次数均略低于 SC 阈值为 10 的 SCD 算法，也被认为是频谱重构带来的负面影响。频谱搬移成功是指原纤芯和目标纤芯的 SC 数值超过 SC 阈值或者优于搬移之前的 SC 数值且满足低串扰等多重约束条件。与 SC 阈值为 10 相比，SC 阈值为 50 可触发更多频谱重构过程，同时频谱搬移成功的机会越多，频谱搬移次数性能越低。

4. 不同业务量下频谱重构时延性能分析

图 7-11 展示了在业务量满足从 270～320 Erl 变化的情况下，SCD 算法及 FF 基准算法在 NSFNET 拓扑结构的频谱重构时延曲线。根据仿真结果，SC 阈值为 50 时 SCD 算法均具有更低的频谱重构时延，因为阈值越大的网络中满足多重条件的空闲频谱越多，频谱重构从开始到结束的持续时间越短。同时，考虑到碎片整理的额外成本，SC 阈值为 50 时 SCD 算法相比于 SC 阈值为 10 时也表现更好。

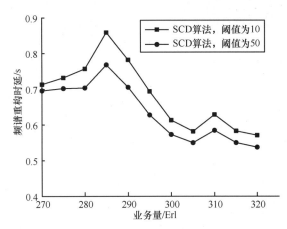

图 7-11　不同业务量下频谱重构时延性能分析

5. 不同 SC 阈值下阻塞率和频谱资源利用率性能分析

基于大量仿真试验数据，本小节介绍在业务量负载为 297 Erl 的情况下 SC 阈值在 10～50 之间的 SCD 算法性能。图 7-12 展示了阻塞率和频谱资源利用率性能曲线，图 7-12（a）展示了 SC 阈值从 10～50 的阻塞率变化曲线，可观察到阻塞率曲线随着阈值的增加而逐渐减小。图 7-12（b）展示了 SC 阈值从 10～50 的频谱资源利用率变化曲线，亦可观察到频谱资源利用率曲线随着阈值的增加而逐渐上升，图 7-12 示阈值范围内 SCD 算法在 SC 阈值为 50 的时候取得最优阻塞率性能和频谱资源利用率性能。因为 SCD 算法在空域维度和频域维度上对频谱碎片进行了多次调整，特别是阈值越高触发的调整次数越多，使得网络频谱资源在一致性和连续性方面得到更大更显著的改善。综上所述，在可容忍成本性能范围内，SCD 算法在很多方面展现了显著的优势。

7.4.3　三维频谱重构性能分析

先前介绍的 FF 基准算法仅考虑了 IR 业务。为了使其具有可比性，本小节在 FF 基准算法中考虑了 AR 业务，扩展了碎片资源的时域维度，与前述基于 AR 重配置的三维场景 RPS 算法（RE-T 算法与 RE-FT 算法）进行性能对比。对比主要包括以下参数。

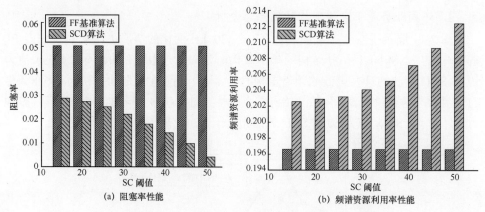

图 7-12　不同 SC 阈值下阻塞率和频谱资源利用率性能分析

① 平均频谱连续度（Average Spectrum Compactness，ASC）。平均频谱连续度评估的是在一个指定时间段内链路的纤芯频谱连续度的平均数值，其可直观准确地评估算法以提高频谱连续度方面的性能。

② 阻塞率。

③ 频谱资源利用率。

④ 平均搬移次数（Average Moving Times，AMT）。平均搬移次数评估的是在一次频谱重构从开始到结束过程中重配置成功的平均次数，平均搬移次数＝重配置总次数/重配置成功次数。

⑤ 平均重配置时延（Average Re-Provisioning Latency，ARL）。平均重配置时延是碎片整理的性能成本参数，它指的是重配置整个过程所需要消耗的平均时间，以 s 为单位计量。

⑥ 平均开始时间时延（Average Start Time Delay，ASD）。平均开始时间时延是 AR 业务开始时间在重配置过程中的平均数值，其可直接评估 AR 业务的开始时间受重配置影响大小，以 s 为单位计量。

⑦ 不同频谱连续度阈值性能对比（频谱连续度与频谱利用率）。

基于上述参数探讨对比了多个方面的性能：① 频谱连续度阈值设定分别为 10 和 50 的 RPS 算法（RE-T 算法与 RE-FT 算法）与 FF 基准算法三者在 NSFNET 不同拓扑结构下的平均频谱连续度性能对比；② 频谱连续度阈值设定分别为 10 和 50 的 RPS 算法（RE-T 算法与 RE-FT 算法）与 FF 基准算法三者在 NSFNET 拓扑结构下的阻塞率与频谱资源利用率性能对比；③频谱连续度阈值设定分别为 10 和 50 的 RPS 算法（RE-T 算法与 RE-FT 算法）在 NSFNET 拓扑结构下的平均搬移次数性能对比；④ 频谱连续度阈值设定分别为 10 和 50 的 RPS 算法（RE-T 算法与 RE-FT 算法）在 NSFNET 拓扑结构下的平均重配置时延性能对比；⑤ 频谱

连续度阈值设定分别为 10 和 50 的 RPS 算法（RE-T 算法与 RE-FT 算法）在 NSFNET 拓扑结构下的平均开始时间时延性能对比；⑥ RPS 算法（RE-T 算法与 RE-FT 算法）与 FF 基准算法在 NSFNET 拓扑结构下的不同频谱连续度阈值性能对比。

1. 不同业务量下平均频谱连续度性能分析

基于仿真结果评估 RPS 算法。首先，在平均频谱连续度性能方面比较了 RPS 算法（RE-T 算法与 RE-FT 算法）和 FF 基准算法。FF 基准算法通过 TSC 度量来执行串扰感知 RSCA，考虑了 AR 业务的引入，但是没有重配置过程。

NSFNET 拓扑下 RE-T 算法与 RE-FT 算法的平均频谱连续度性能仿真结果如图 7-13 所示，首先，从图 7-13 中可以看出，随着业务量在从 400 Erl 逐渐增长到 1 000 Erl，平均频谱连续度性能均逐渐下降，因为网络中服务的业务量越大，频谱分布就越分散，降低了频谱连续性并带来较低的 SC 值。其次，比较 RPS 算法和基准算法的仿真结果，可观察到 RPS 算法在 10 和 50 两个阈值条件下的平均频谱连续度均高于 FF 基准算法，尤其是 RE-FT 算法，最大可以提高约 10 倍的平均频谱连续度。因为 RPS 算法可以充分利用 AR 场景中的时间窗口滑动特性，通过在时间和频谱维度上重配置 AR 业务，有效地优化频谱资源的连续性，但是，FF 基准算法不执行任何重配置操作。

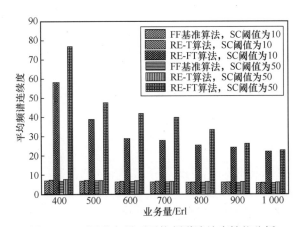

图 7-13　不同业务量下平均频谱连续度性能分析

此外，横向比较两种 RPS 算法的重配置方案，RE-FT 算法的平均频谱连续度性能远优于 RE-T 算法，而 RE-T 算法仅略高于 FF 基准算法，就频域维度而言，RE-FT 算法充分利用其他时刻的空闲频谱资源来有效地重配置碎片，考虑到 SDM-EON 中的频谱连续性和串扰等多重约束，仅调整时域维度找到合适的空闲频谱资源机会很小，因此 RE-T 算法效果明显弱于 RE-FT 算法。

图 7-13 中也比较了 RE-T 算法与 RE-FT 算法分别在 SC 阈值为 10 和 50 的性

能,其中 SC 阈值为 50 的平均频谱连续度优于 SC 阈值为 10 的性能,因为 SC 阈值为 50 条件下触发了更多次重配置方案,这意味着它每一个周期调整将改善更多的碎片资源,有效地提高了频谱连续性。

2. 不同业务量下阻塞率性能分析

图 7-14 展示了 NSFNET 拓扑结构下的阻塞率曲线,图中可观察到,在业务量满足 400~1 000 Erl 的情况下,阻塞率逐渐增长。此外,相比于 FF 基准算法,在整个业务量范围内 RPS 算法能够显著降低网络的阻塞率性能,其中 SC 阈值为 50 的 RPS 算法比 FF 基准算法最大约降低了 12%的阻塞率性能,因为 RPS 算法执行的两种重配置方案在时域和频域维度上有效优化了高度分散的碎片资源,并有效地改善了频谱连续性状态,进而在网络中能够容纳更多业务请求,实现更低的网络阻塞率性能。

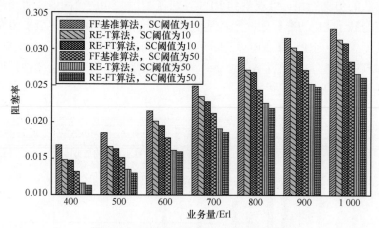

图 7-14　不同业务量下阻塞率性能分析

此外,RE-T 算法和 RE-FT 算法具有几乎相同的阻塞率性能,即使 RE-FT 算法除了调整时间以外,还尽可能地尝试调整频谱隙,最终可能会为重配置找到最佳频谱隙,但占用相同数量的频谱隙,因此效率较低。图 7-13 中结果还表明,阈值为 50 的 RPS 算法的阻塞率性能低于阈值为 10 的 RPS 算法阻塞率性能,因为 SC 阈值为 50 的重配置算法对碎片资源进行了更多迁移调整并能够容纳网络中的更多业务请求,可以实现略优的阻塞率性能。

3. 不同业务量下频谱资源利用率性能分析

图 7-15 展示了在业务量满足从 270~320 Erl 变化的情况下,RPS 算法及 FF 基准算法的频谱资源利用率曲线。图 7-15 中可以看出,频谱资源利用率均随着业务量的增大而持续上升。

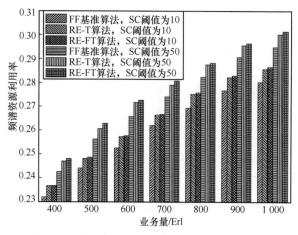

图 7-15　不同业务量下频谱资源利用率性能分析

此外，相比于 FF 基准算法，RPS 算法能够显著提升网络的频谱资源利用率性能，它与阻塞率性能曲线恰恰相反，但两者具有相同的意义，即重配置过程可以有益于网络性能的提升。值得注意的是，SC 阈值为 50 的 RPS 算法比 FF 基准最大高出约 5% 频谱资源利用率，因为执行时间和频谱的重配置方案可以有效地集成来自其他时刻或频谱隙的碎片资源，提高频谱连续性以容纳更多业务请求，从而可以改善频谱资源利用率。此外，RE-T 算法和 RE-FT 算法具有几乎相同的频谱资源利用率性能。

图 7-15 中结果还表明，SC 阈值为 50 的 RPS 算法可以实现比 SC 阈值为 10 更高的频谱资源利用率，因为 SC 阈值为 50 的 RPS 算法可以触发更多的重配置操作，有更多机会整合频谱碎片资源，使得频谱状态更紧凑、更连续，实现了更高的网络频谱资源利用率。

4.　不同业务量下平均搬移次数性能分析

图 7-16 展示了在业务量满足从 400～1 000 Erl 变化的情况下，RPS 算法及 FF 基准算法在 NSFNET 拓扑结构的平均搬移次数曲线。从图 7-16 中可以看出，平均搬移次数均随着业务量的增大而缓慢下降，频谱搬移次数定义为频谱搬移总次数与频谱搬移成功次数之比，它也是服务中断的次数，因此给频谱重构带来负面影响。

此外，横向比较了 RE-T 算法和 RE-FT 算法，RE-FT 算法在 SC 阈值 10 和 50 中的平均搬移次数均大于 RE-T 算法，因为 RE-T 算法仅调整时间因素，而 RE-FT 算法在 RE-T 算法基础上试图获得目标时刻的可用频谱资源，触发了更多的重配置次数。当 SC 阈值为 50 时，其 RPS 算法略高于阈值为 10 时的平均搬移次数，该结论对应于阻塞率和频谱资源利用率的结果，因为 SC 阈值 50 情况下执行更多重配置操作，搬移总次数越大，比率就越大，即平均搬移次数就越大。

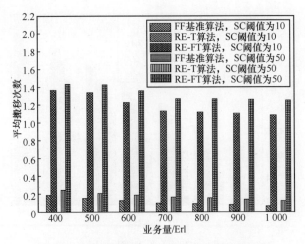

图 7-16　不同业务量下平均搬移次数性能分析

5.　不同业务量下平均重配置时延性能分析

图 7-17 展示了在业务量满足从 400~1 000 Erl 变化的情况下，RPS 算法及 FF 基准算法在 NSFNET 拓扑结构的平均重配置时延曲线。根据仿真结果，RE-FT 算法的运行时间大约是 RE-T 算法的两倍，同时，SC 阈值为 50 的 RPS 算法执行平均重配置时延高于 SC 阈值为 10 的性能，因为 RE-FT 算法试图找到沿光路的最佳频谱隙并执行更多的重配置操作，特别是在 SC 阈值为 50 时，这导致比 RE-T 算法花费更多的平均重配置时延。

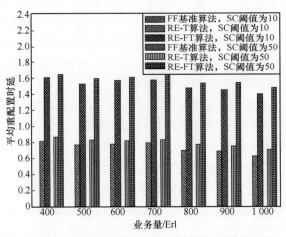

图 7-17　不同业务量下平均重配置时延性能

6.　不同业务量下平均开始时间时延性能分析

平均开始时间时延表示 AR 业务进行时间重配置后的开始时间变化情况。

图 7-18 展示了在业务量满足从 400～1 000 Erl 变化的情况下，RPS 算法及 FF 基准算法在 NSFNET 拓扑结构的平均开始时间时延曲线。根据仿真结果，RPS 算法的平均开始时间时延均低于 FF 基准算法，其中 RE-T 算法在 SC 阈值为 10 和 50 时的平均开始时间时延几乎表现相同，RE-FT 算法也是同样的表现，主要原因是 RPS 算法尝试在较早的时间和频谱范围内重新配置 AR 业务，相应地减少了平均开始时间。

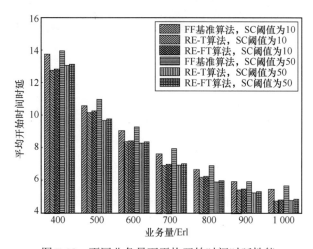

图 7-18　不同业务量下平均开始时间时延性能

7. 不同 SC 阈值下频谱连续度和频谱资源利用率性能分析

基于大量仿真试验数据，在业务量为 1 000 Erl 的情况下 SC 阈值在 10～50 之间的 RPS 算法性能曲线。图 7-19 展示了 NSFNET 拓扑结构的频谱连续度和频谱资源利用率曲线，图 7-19（a）展示了 SC 阈值从 10～50 之间的频谱连续度变化曲线，可以看出，频谱连续度随着阈值的增加而逐渐增长，RPS 算法的频谱连续度性能优于 FF 基准算法，尤其是 RE-FT 算法，显示出了更多优势；图 7-19（b）展示了 SC 阈值从 10～50 之间的频谱资源利用率变化曲线，亦均可看出，频谱资源利用率随着阈值的增加而逐渐上升，RPS 算法获得的频谱资源利用率高于 FF 基准算法，而 RE-T 算法和 RE-FT 算法具有几乎相同频谱资源利用率的性能。

此外，图 7-19 展示了阈值范围内 RPS 算法在 SC 阈值为 50 的时候取得最优频谱连续度性能和频谱资源利用率性能。因为 RPS 算法在时域维度和频域维度上对频谱碎片进行了重配置，特别是阈值越高触发的重配置次数越多，使得网络频谱资源在一致性和连续性方面得到了更大更显著的改善。综上所述，在可容忍成本性能范围内，RPS 算法在多方面展现了自身显著优势，其大幅度优于 FF 基准算法的资源利用效率。

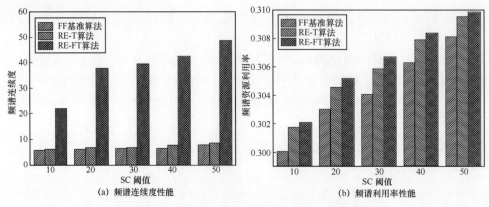

(a) 频谱连续度性能　　　(b) 频谱利用率性能

图 7-19　业务量 1 000 Erl 下不同 SC 阈值性能分析

🔍 7.5　本章小结

在多维复用光网络中，频谱碎片不可避免地存在。由于引入了新的复用维度，传统的频谱重构方法不再可行，亟须提出新的频谱重构方案。本章从如何有效重构多维复用光网络中的频谱资源碎片角度出发，针对二维及三维光网络场景，分别介绍了其频谱重构技术，并从带宽阻塞率、频谱利用率、频谱搬移次数、频谱碎片化时延和最佳判决门限等方面对其性能效果进行了评估。

参 考 文 献

[1] MARTÍNEZ S F, PINTO-ROA D P. Performance evaluation of non-hitless spectrum defragmentation algorithms in elastic optical networks[C]//XLIII Latin American Computer Conference (CLEI). Piscataway: IEEE Press, 2017: 1-8.

[2] ZHAO Y, HU L, WANG C, et al. Multi-core virtual concatenation scheme considering inter-core crosstalk in spatial division multiplexing enabled elastic optical networks[J]. China Communications, 2017, 14(10): 108-117.

[3] LI Y J, ZHAO Y L, ZHANG J, et al. Demonstration of multi-domain spectrum defragmentation with minimum controller-participation degree in elastic optical networks[C]//International Conference on Computing Networking and Communications (ICNC). Piscataway: IEEE Press, 2016: 1-5.

[4] BA S, CHATTERJEE B C, OKI E. Performance of route partitioning scheme for hitless defragmentation in elastic optical networks[C]//International Conference on Computing

Networking and Communications (ICNC). Piscataway: IEEE Press, 2017: 392-396.

[5] SUN Q Y, LU P, LU W, et al. Forecast-assisted nfv service chain deployment based on affiliation-aware vNF placement[C]//Global Communications Conference (GLOBECOM). Piscataway: IEEE Press, 2016: 1-6.

[6] ZENG F L, FANG W J, RODRIGUES J P C, et al. Orchestrating multicast-oriented NFV trees in inter-DC elastic optical networks[C]//IEEE International Conference on Communications (ICC). Piscataway: IEEE Press, 2016: 1-6.

[7] LIU X H, ZHANG L, ZHANG M Y, et al. Joint defragmentation of spectrum and computing resources in inter-datacenter networks over elastic optical infrastructure[C]//IEEE International Conference on Communications (ICC). Piscataway: IEEE Press, 2014: 3289-3294.

[8] SCARAFICCI R A, DAFONSECA N L S. Alternative routing and zone-based spectrum assignment algorithm for flexgrid optical networks[C]//IEEE International Conference on Communications (ICC). Piscataway: IEEE Press, 2014: 3295-3300.

[9] JIANG R, FENG M, SHEN J H. An defragmentation scheme for extending the maximal unoccupied spectrum block in elastic optical networks[C]//International Conference on Optical Communications and Networks (ICOCN). Piscataway: IEEE Press, 2017: 1-3.

[10] WU J L, ZHANG M, WANG F Z, et al. An optimal independent sets based greedy spectral defragmentation algorithm in elastic optical network[C]//International Conference on Optical Communications and Networks (ICOCN). Piscataway: IEEE Press, 2014: 1-4.

[11] PATEL A, JI P N, JUE J P, et al. optimal defragmentation of the transparent flexible optical WDM (FWDM) networks[R]. Tech. Report, no. UTDCS-30-10.

[12] 蒋蕊. 弹性光网络中频谱分配和碎片整理问题研究[D]. 南京: 南京邮电大学, 2018.

[13] CHATTERJEE B C, BA S, OKI E. Fragmentation problems and management approaches in elastic optical networks: a survey[J]. IEEE Communications Surveys and Tutorials, 2018, 20(1): 183-210.

[14] PATEL A N, JI P N, JUE J P, et al. Survivable transparent flexible optical WDM (FWDM) networks[C]//Optical Fiber Communication Conference and Exposition and the National Fiber Optic Engineers Conference.Piscataway: IEEE Press, 2011: 1-3.

[15] MOURA P M, DA F N L S, SCARAFICCI R A. Fragmentation aware routing and spectrum assignment algorithm[C]//IEEE International Conference on Communications (ICC). Piscataway: IEEE Press, 2014: 1137-1142.

[16] YIN Y, ZHANG H, ZHANG M, et al. Spectral and spatial 2D fragmentation-aware routing and spectrum assignment algorithms in elastic optical networks[J]. IEEE/OSA Journal of Optical Communications and Networking, 2013, 5(10): 100-106.

[17] ZHANG M, YOU C, JIANG H, et al. Dynamic and adaptive bandwidth defragmentation in spectrum-sliced elastic optical networks with time-varying traffic[J]. Journal of Lightwave Technology, 2014, 32(5): 1014-1023.

[18] ZHU Z, CHEN X, CHEN C, et al. OpenFlow-assisted online defragmentation in single-/ multi-domain software-defined elastic optical networks[J]. Journal of Optical Communications and Networking, 2015, 7(1): 7-15.

[19] SINGH S K, BZIUK W, JUKAN A. A combined optical spectrum scrambling and defragmentation in multi-core fiber networks[C]//IEEE International Conference on

Communications (ICC). Piscataway: IEEE Press, 2017: 1-6.

[20] YU X S, ZHAO Y L, ZHANG J, et al. Spectrum defragmentation implementation based on software defined networking (SDN) in flexi-grid optical networks[C]//International Conference on Computing Networking and Communications (ICNC). Piscataway: IEEE Press, 2014: 502-505.

[21] WEN K, YIN Y W, GEISLER D J, et al. Dynamic on-demand lightpath provisioning using spectral defragmentation in flexible bandwidth networks[C]//European Conference and Exhibition on Optical Communication (ECOC). Piscataway: IEEE Press, 2011: 1-3.

[22] CUGINI F, SECONDINI M, SAMBO N, et al. Push-pull technique for defragmentation in flexible optical networks[C]//Optical Fiber Communication Conference and Exposition and the National Fiber Optic Engineers Conference (OFC/NFOEC). Piscataway: IEEE Press, 2012: 1-3.

[23] SHAKYA S, GAO X J. Spectral defragmentation in elastic optical path networks using independent sets[C]//Optical Fiber Communication Conference and Exposition and the National Fiber Optic Engineers Conference (OFC/NFOEC). Piscataway: IEEE Press, 2013: 1-3.

[24] ZHANG M Y, YIN Y W, PROIETTI R, et al. Spectrum defragmentation algorithms for elastic optical networks using hitless spectrum retuning techniques[C]//Optical Fiber Communication Conference and Exposition and the National Fiber Optic Engineers Conference (OFC/NFOEC). Piscataway: IEEE Press, 2013: 1-3.

[25] TAKAGI T, HASEGAWA H, SATO K, et al. Disruption minimized spectrum defragmentation in elastic optical path networks that adopt distance adaptive modulation[C]//European Conference and Exhibition on Optical Communication (ECOC). Piscataway: IEEE Press, 2011: 1-3.

[26] AMAYA N, IRFAN M, ZERVAS G, et al. Gridless optical networking field trial: flexible spectrum switching, defragmentation and transport of 10G/40G/100G/555G over 620-km field fiber[C]//European Conference and Exhibition on Optical Communication (ECOC). Piscataway: IEEE Press, c2011: 1-3.

[27] POLITI C T, ANAGNOSTOPOULOS B, MATRAKIDIS C, et al. Dynamic operation of flexi-grid OFDM-based networks[C]//Optical Fiber Communication Conference and Exposition and the National Fiber Optic Engineers Conference (OFC/NFOEC). Piscataway: IEEE Press, 2011: 1-3.

[28] CHRISTODOULOPOULOS K, ANGELOU M, DKLONIDIS D, et al. Value analysis methodology for flexible optical networks[C]//European Conference and Exhibition on Optical Communication (ECOC). Piscataway: IEEE Press, 2011: 1-3.

[29] JINNO M, YONENAGE K, TAKARA H, et al. Demonstration of translucent elastic optical network based on virtualized elastic regenerator[C]//Optical Fiber Communication Conference and Exposition and the National Fiber Optic Engineers Conference (OFC/NFOEC). Piscataway: IEEE Press, 2012: 1-3.

[30] YU X S, ZHANG J, ZHAO Y L, et al. Spectrum compactness based defragmentation in flexible bandwidth optical networks[C]//Optical Fiber Communication Conference and Exposition and the National Fiber Optic Engineers Conference (OFC/NFOEC). Piscataway: IEEE Press, , 2012: 1-3.

[31] WANG X, ZHANG Q, KIM I, et al. Utilization entropy for assessing resource fragmentation in optical networks[C]//Optical Fiber Communication Conference and Exposition and the National

Fiber Optic Engineers Conference (OFC/NFOEC). Piscataway: IEEE Press, 2012: 1-3.

[32] TU J J, SAITOH K, KOSHIBA M, et al. Design and analysis of large-effective-area heterogeneous trench-assisted multi-core fiber[J]. Optics Express, 2012, 20(14): 15157-15170.

[33] KOSHIBA M, SAITOH K, TAKENAGA K, et al. Analytical expression of average power-coupling coefficients for estimating intercore crosstalk in multicore fibers[J]. IEEE Photonics Journal, 2012, 4(5):1987-1995.

[34] FUJII S, HIROTA Y, TODE H, et al. On-demand spectrum and core allocation for reducing crosstalk in multicore fibers in elastic optical networks[J]. Journal of Optical Communications and Networking, 2014, 6(12): 1059-1071.

[35] RAJAH K, RANKA S, YE X. Advance reservations and scheduling for bulk transfers in research networks [J]. IEEE Transactions on Parallel and Distributed Systems, 2009, 20(11): 1682-1697.

第8章
多维复用光网络虚拟化及映射技术

当前，随着云计算、高清视频流等高性能应用的出现，底层光网络承载着巨大的带宽压力。不同的网络应用具有不同的带宽需求，但网络管理者很难针对应用的特定需求来灵活地配置网络。光网络虚拟化技术可以很好地解决这个问题。一方面，它通过抽象底层的物理资源，使用户能够在不需要感知底层实现细节的情况下，将底层资源作为一种服务来使用。另一方面，虚拟网络映射为光网络虚拟化提供了技术保障。本章围绕多维复用光网络虚拟化，针对立即提供服务和预置资源两种不同类型的业务，分别阐述其虚拟化及映射技术，并在此基础上介绍相关生存性策略。

8.1 光网络虚拟化

目前，光纤资源在频域维度已利用殆尽，单芯光纤的传输容量已经逼近香农极限，因此迫切需要在频域的基础上扩展空域维度来进一步提升光纤通信系统的传输容量。除了频域和空域外，针对预置资源业务这种具有明显时域特性的网络业务，如何在现有频域的基础上优化分配时间频谱资源也是一个重要问题。因此，频域/空域/时域多种资源维度的复用，推动了光网络从弹性光网络（EON）向多维复用光网络过渡。之前 EON 中的虚拟化只是针对频域资源一个维度，而现在出现了多个维度的资源，给网络虚拟化带来了很大的困难和挑战。因此，本小节将从弹性光网络的虚拟化出发，详细阐述多维复用光网络的虚拟化问题。

8.1.1 弹性光网络虚拟化

光网络技术是实现互联网服务可靠交付的基础，在不久的将来需要支持大容量数据传输。为了满足客户的巨大带宽需求，光传输系统必须提供多种特性，如可扩展性、高效性、可靠性和灵活性。同时，灵活频谱交换、带宽可变光收发机等新兴技术也推动着光网络的进一步发展[1-4]。

在传统波分复用光网络中，两个波长信道之间的间隔由国际电信联盟定义为 50 GHz 或 100 GHz。如果客户的带宽要求较小，则大多数频谱资源未被使用，频谱利用率降低。为了缓解传统波分复用光网络的不足，有研究者提出了利用 OFDM 技术和距离自适应调制的频谱高效 EON 架构，它以非常精细的粒度级别将数据分配给子载波频谱隙。目前，EON 成为高速传输的有利候选，它通过利用各个光设备的特性，为网络提供新颖的特性和功能，是针对 WDM 网络提出的提高网络容量的解决方案[5-17]。EON 具备以下优势：① 为连接请求提供灵活的频谱隙；② 为高速率连接请求提供超级通道；③ 消除了相邻光载波之间的频谱保护带宽；④ 根据路由上的传输质量对每个连接需求进行自适应调制。

然而不同的网络应用具有不同的需求，网络管理者很难针对应用的特定需求对 EON 进行灵活地配置。网络虚拟化技术[18]可以很好地解决这个问题。通过虚拟化物理网络上的节点和链路资源，生成虚拟光网络（Virtual Optical Network，VON）请求。多个 VON 请求可以同时部署在相同的物理元件上。通过分配物理网络资源，将网络虚拟化得到的 VON 部署到物理网络中的问题，称为虚拟光网络映射（Virtual Optical Network Embedding，VONE）。通过将虚拟资源动态映射到物理基础设施上，可以最大限度地发挥出现有物理基础设施的优势，实现最佳的动态资源分配。

EON 的频谱资源可被分段和聚合以创建亚波长和超波长信道，因此 EON 能够天然支持网络虚拟化。当前基于 EON 的虚拟网络映射问题已经有了较多的研究。在基层物理设备方面，目前研究的弹性收发机、带宽可变交叉连接和可重构光分插复用器有助于服务提供商进行网络虚拟化部署[19]。在 EON 中虚拟光网络映射机制方面，文献[20]在考虑交换能力和频谱碎片的同时，提出了 EON 中动态高效的 VON 映射算法，仿真结果表明，VON 映射算法在阻塞率和收益成本比方面具有良好的性能。文献[21]提出了基于距离自适应弹性光网络中的灵活 VON 映射方式，通过综合利用灵活的节点映射和距离自适应调制来最大化频谱利用率。文献[22]提出了一种 VON 映射算法，在可优化选择调制格式的 EON 环境下解决具有地理约束的虚拟网络映射问题。

在虚拟网络生存性映射方面，文献[23]提出了一种应用于 EON 中的可生存性虚拟网络映射方法来最小化静态虚拟网络映射的网络成本。文中提出为每个虚拟链路提供专用路径保护，即主路径和备用路径，以保证物理网络的高生存性。文献[24]主要针对 VON 映射中的单物理链路故障，提出了一种有效的启发式算法。该算法可以扩展到处理多个链路故障的场景中，结合节点迁移策略[25]来解决单物理节点故障问题。文献[26]研究了在具备可编程再生器的 EON 中的可生存性 VON 映射问题，以最小化动态虚拟网络请求映射阻塞率为目的，实现了节点及虚拟链路的部署。文献[27]研究了 EON 中具有共享备份路径保护的单链路故障的可生存 VON 映射问题，提出了针对每个可共享频谱隙的不同动态成本模型（Different Dynamic Cost Model，DDCM）和一种基于 DDCM 的共享保护 VON 映射算法。

8.1.2　多维复用光网络虚拟化

互联网的飞速发展促使数据业务成规模的增长，网络运营为用户提供的带宽接入需求越来越大，如何提高网络容量的压力也越来越大。传统基于频域及时域的网络容量提升方案已被深入研究，但是单根光纤的传送容量已经即将达到物理极限；在现有弹性光网络的基础上，通过引入多维复用的概念可极大提高网络容量。而随着频域、空域等多个维度的引入，也带来许多全新的挑战，如频域与空域多维资源协同分配问题，如何降低多维资源碎片问题及如何避免多芯光纤的芯间串扰问题等。

国内外学术界、标准化组织以及科研项目等都对多维复用光网络展开了一系列研究。在国内外学术界，针对少模光纤的应用场景，文献[28]提出了一种最优化路由资源分配算法，通过使用距离自适应频谱分配策略，使资源使用率达到最优。针对多芯光纤的应用场景，文献[29]研究了基于光纤冗余度的纤核与频谱分配策略，根据纤核的资源分布调整，相邻信道的资源分配情况，以实现资源的最优化；另外，也有研究者提出基于最小化网络成本或能耗的路由资源分配策略[30]。在多芯的场景下，针对业务动态承载过程中出现的碎片问题，文献[31]提出了一种频谱碎片整理策略，实现了资源再利用的目标；文献[32]提出了一种面向动态业务调整的资源优化策略，仿真结果表明，相比于传统的资源优化算法，该策略能更大程度（约 50%）地提高网络资源利用率；FUJII 等在文献[33]中提出了一种采用灵活配置的光交换节点结构来大幅度减少网络资源使用的优化算法。

国际标准方面，ITU-T SG15 工作组已组建与空分复用相关的讨论组，并在 2016 年 2 月 15 日召开会议探讨其相关技术，会议参与单位包括日本 KDDI、NTT 和西班牙电信等多家单位；国外科研项目方面，基于多维复用光网络及其关键技术已经引起主要发达国家的高度重视，并成为信息技术领域的研究热点。近年来，国外逐步部署了一系列项目。

这些项目中，在多维复用光网络组网方面，欧盟 FP7 项目 INSPACE 提出了一种新型的多维复用组网方案，大大简化了超通道的资源分配和管控机制。英国南安普顿大学研究团队的 PHH 项目重点研究了空分复用核心光器件和新型组网技术。在多维复用光网络节点方面，丹麦的 DTU 项目探索了在多芯光纤通信中节点所需功能的解决方案，重点研究了低功耗和低损耗的光网络节点。

在多维复用光网络传输实现方面，德国光通信公司 VPI Photonics 和日本电信运营商 KDDI 联合部署的 HSHC 项目将多芯光纤和少模光纤作为高容量 SDM 传输的两种解决方案，完成了相应的理论分析和实验验证。奥地利电信运营商 A1 和光传输解决方案提供商 Coriant 联合完成了基于空分复用的 400 Gbit/s 传输现场实验，验证了 SDM 可大大提升光传输容量的结论。欧盟 STRONGEST 项目从网络可扩展、器件可调谐角度分析了如何实现光网络超高速率传输。欧盟 MODE-GAP 项目研究了包括多模光纤、光子带隙以及和长距离高速光传输相关的关键技术等。

多维复用光网络虚拟化是对计算资源与网络资源共同抽象，其允许多个虚拟网络共享一个底层多维复用光网络。与弹性光网络的映射一样，波长、频谱隙和波段连续性在路由和配置阶段至关重要。此外，多维复用光网络还必须另外考虑空间模式连续性。在多维复用光网络中进行 VON 映射时，必须考虑频谱连续性约束、频谱邻接性约束、频谱不重叠性约束以及芯间串扰约束等。

目前已有研究工作提出在多维复用光网络中的 VON 映射方法。例如，在文献[34]中提出了一种基于少模光纤串扰感知的 VON 映射方案，该方案在映射过程中考虑了光纤和器件引入的串扰，并考虑了串扰对频谱资源可用性的影响。仿真结果表明，与传统的虚拟网络映射机制相比，所提出的串扰感知虚拟网络映射机制可以实现更小的阻塞率和较高的频谱利用率。文献[35]提出了一种基于多芯光纤空分复用弹性光网络的虚拟网络映射方案，建立了虚拟网络映射模型，并设计了评价网络元素映射能力的度量方法。在此基础上，基于网络元素的映射能力，结合映射过程中的频谱和空间资源，提出了相邻链路映射算法和远程链路映射算法。仿真结果表明该算法在阻塞率和收益成本比方面均呈现出较好的结果。

在多维复用光网络中，VON 映射机制为网络虚拟化建设提供了一种可行的建设方案，它是实现多维复用网络虚拟化最关键的技术。本章将针对立即提供资源业务和预置资源业务两种不同类型业务，介绍它们在多维复用光网络中的虚拟化问题及映射机制。

🔍 8.2　面向立即提供资源业务的多维复用光网络映射技术

虚拟网络是网络虚拟化的重要实体。通过虚拟化物理网络上的节点和链路资源，多个虚拟网络请求可以同时部署在相同的物理元件上。此外，资源虚拟化机制引入的抽象化使得网络运营商能够以高度灵活和动态的方式对网络进行管理和修改。通过将虚拟资源动态映射到物理基础设施上，可以最大限度地发挥出现有物理基础设施的优势。为了向用户提供定制的端到端保证服务，需要实现最佳的动态资源分配方式，从而实现未来网络的自我配置和组织。VON 业务根据对时间的需求分为两类：立即提供资源业务虚拟光网络（Immediate Reservation Virtual

Optical Network，IR-VON）以及预置资源业务虚拟光网络（Advance Reservation Virtual Optical Network，AR-VON）。本小节将针对 IR-VON 业务，介绍如何对网络元素的映射能力进行度量，并根据度量情况阐述其多维复用光网络映射算法。

8.2.1　立即提供资源业务虚拟光网络模型

立即提供资源业务虚拟光网络模型[36]如图 8-1 所示，每个物理节点包含对应其数据中心的剩余计算资源量和光收发机当前可转换带宽总量。例如，物理节点 A 对应数据中心的剩余计算资源量为 80 个单位，对应光收发机所能产生的光路带宽是 750 Gbit/s。IR-VON 请求包含了虚拟节点请求的计算资源以及虚拟链路请求的带宽资源。例如，虚拟节点 $v1$ 请求 7 个单位的计算资源，虚拟链路 l_{v1} 请求的带宽资源为 48 Gbit/s。IR-VON 映射问题的实质是研究如何高效、合理地将 IR-VON 请求映射到底层物理网络上。

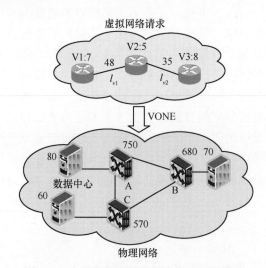

图 8-1　立即提供资源业务虚拟光网络模型

多维复用光网络拓扑视为无向图 $G_s(V_s,E_s)$，其中 V_s 表示物理节点序列，每个物理节点 $v_s \in V_s$ 包含了相应数据中心的剩余计算资源 C_{DC} 和相应的光收发机可转换的带宽资源。E_s 表示由 7 芯光纤相连的物理链路，每条链路 $e_s \in E_s$ 伴随一个描述 7 芯光纤频谱占用状态的频谱资源矩阵。IR-VON 请求的表示 $G_v(V_v,E_v)$ 与此类似，其中 V_v 表示虚拟节点集合，每一个虚拟节点 $v_v \in V_v$，包含一个带宽请求 B_R。针对每一个 IR-VON 请求构造一个虚拟链路矩阵 $\boldsymbol{L}=[l_{v1},l_{v2},\cdots,l_{vm}]$，其中 m 代表虚拟链路的条数，l_{vi} 代表第 i 条虚拟链路。构造虚拟链路带宽请求矩阵为 $\boldsymbol{B}=[b_{v1},b_{v2},\cdots,b_{vm}]$，其中 b_{vi} 表示第 i 条链路请求的带宽。IR-VON 映射问题可以简

化为一种从图 G_v 映射到 G_s 的映射方式，只有 G_v 中的所有节点和链路都成功映射到 G_s 中，该 IR-VON 才视为映射成功。

当接收到一个 IR-VON 请求时，虚拟网络中的节点需要部署到物理网络中的节点中去，这个过程即为节点映射过程，在这个过程中需要对物理节点映射度和虚拟节点资源请求度进行评估。

1．物理节点映射度评估

（1）光收发机映射度评估

光收发机是将信号完成光电转换的物理设备。为了进一步提高光设备的灵活性，业界研发了可以在逻辑上切分成多个子收发机的可切片光收发机，实现了用一个收发机转发多个独立的灵活光路。一般来说，光收发机基于传输路径的特性来分配合适的频谱资源。它通过改变频谱隙的数量（子载波、调制格式、波特率）来调整传输比特率和带宽。

要完成光收发机映射度评估，需要先计算光收发机针对当前 IR-VON 请求的资源适配度。对于一个物理节点 n，定义一条虚拟链路 l_{vi} 可以从该物理节点 n 对应光收发机 T_n 获得的最大映射值为

$$e_{l_{vi}} = \frac{\delta}{b_{vi}} \tag{8-1}$$

其中，δ 表示此时光收发机 T_n 可转换的最大光路带宽，b_{vi} 表示虚拟链路 l_{vi} 所请求的带宽资源量，此时定义光收发机 T_n 针对该 IR-VON 请求的总体最大映射度 E_t。

$$E_t = \frac{\delta}{m} \sum_{i=1}^{m} \frac{1}{b_{vi}} \tag{8-2}$$

通过式（8-2）可计算出每个物理收发机针对图 8-1 中虚拟网络请求的总体最大映射度为

$$\begin{cases} E_t(A) = \frac{1}{2} \left(\frac{750}{48} + \frac{750}{35} \right) = 18.526 \\ E_t(B) = \frac{1}{2} \left(\frac{680}{48} + \frac{680}{35} \right) = 16.798 \\ E_t(C) = \frac{1}{2} \left(\frac{570}{48} + \frac{570}{35} \right) = 14.080 \end{cases} \tag{8-3}$$

式（8-3）中以图 8-1 的物理节点 A 为例进行说明，虚拟链路 l_{v1} 可从物理节点 A 中获得的最大映射匹配值为 $e_{l_{v1}} = \frac{750}{48}$，虚拟链路 l_{v2} 可从物理节点 A 中获得的最大映射匹配值为 $e_{l_{v2}} = \frac{750}{35}$，将与节点 A 相邻的两条链路的最大映射值取平均值后

获得节点 A 光收发机的总体映射度。

（2）相邻链路映射度评估

针对一个物理节点 n，如果有 P 条多芯光纤与该节点相连，每条光纤纤芯数量为 C，则一共有 CP 条纤芯连接到节点 n。采用频谱匹配值（Spectrum Matching Value，SMV）表示一根纤芯针对一条虚拟链路的适配程度，具体定义为纤芯中与虚拟链路请求所需的频谱隙数量相匹配的连续可用频谱段的数量。然后计算出节点 n 的每根相邻纤芯对应每条虚拟链路请求的频谱匹配值（此时在计算虚拟链路所需频谱数量的过程中仅考虑 BPSK 调制格式）。

为了描述频谱匹配值的获取方式，图 8-2 描述了在物理链路中的纤芯针对不同虚拟链路请求获取频谱匹配值的过程。图 8-2 中斜线和网格方框代表虚拟链路 l_{v1} 和虚拟链路 l_{v2} 的一个频谱匹配值。灰色方框表示被占用的频谱。在仅考虑 BPSK 调制格式的时候，虚拟链路 l_{v1} 需要 3 个频谱隙，虚拟链路 l_{v2} 需要 4 个频谱隙。因此，在节点 A 和节点 B 之间的物理链路上，针对虚拟链路请求 l_{v1}，纤芯 1 仅有一个满足条件的连续可用的频谱段，纤芯 2 有 3 个满足条件的连续可用的频谱段。

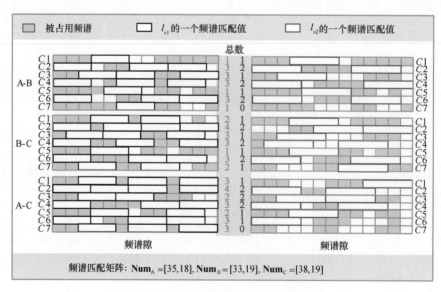

图 8-2　频谱匹配值与频谱匹配矩阵获取

连接到节点 n 的 PC 根线芯的频谱状态不同，因此针对每条虚拟链路的频谱匹配值就各不相同。针对每一条虚拟链路，对这 PC 个频谱匹配值进行求和，最终的结果构成频谱匹配矩阵 $\mathbf{Num} = [n_1, n_2, \cdots, n_m]$，其中 n_i 是针对虚拟链路 l_{vi} 的 PC 根线芯中的频谱匹配值。由此可知，频谱匹配矩阵表示在相邻纤芯中匹配虚拟链路请求的频谱段数量。由于不同可用频谱段大小代表了不同的资源状态，例如，

在带宽请求矩阵 $[b_{v1}, b_{v2}, \cdots, b_{vm}]$ 中，b_{vi} 是最大带宽请求值，满足 b_{vi} 的频谱段代表了纤芯中一个更大的连续可用频谱空间，它比较小的频谱空间更容易被匹配，也反应了纤芯中更好的频谱状态。因此，采用调节因子矩阵 $\mathbf{Tun} = [t_1, t_2, t_3, \cdots, t_m]$ 来反应纤芯中不同频谱资源大小对映射能力的影响。

为了保障小资源空间影响力小，大资源空间影响力大，且特定资源的影响程度取决于剩余空间大小的差距，定义针对每一个频谱匹配值 n_j 的调节因子 t_j 为

$$t_j = \frac{b_j}{\sum\limits_{i=1}^{m} b_i} \tag{8-4}$$

最终节点相邻链路平均最大映射度用式（8-5）进行计算。

$$E_l = \frac{1}{m} \sum_{i=1}^{m} t_i n_i \tag{8-5}$$

针对图 8-1 中的案例计算节点 A 的相邻链路映射度过程见式（8-6）。其中，$\dfrac{48}{48+35}$ 表示调节因子 t_1，$\dfrac{35}{48+35}$ 对应调节因子 t_2。

$$\begin{cases} E_l(\mathrm{A}) = \dfrac{1}{2}\left(35 \times \dfrac{48}{48+35} + 18 \times \dfrac{35}{48+35}\right) = 13.915 \\[3mm] E_l(\mathrm{A}) = \dfrac{1}{2}\left(33 \times \dfrac{48}{48+35} + 19 \times \dfrac{35}{48+35}\right) = 13.548 \\[3mm] E_l(\mathrm{A}) = \dfrac{1}{2}\left(38 \times \dfrac{48}{48+35} + 19 \times \dfrac{35}{48+35}\right) = 14.994 \end{cases} \tag{8-6}$$

因此，综合考虑光收发机映射度和相邻链路映射度两种因素的影响程度，定义物理节点整体映射度为

$$E = \alpha E_t + \beta E_l \tag{8-7}$$

其中，E_t 和 E_l 分别表示物理节点光收发机映射度和相邻链路映射度，α 和 β 表示调节参数，用于调节相对影响程度，且需满足 $\alpha + \beta = 1$。例如，若光收发机的资源容量相对丰富，则可以通过降低 α 值，调高 β 值来增加链路资源的影响力度。此时用式（8-7）可以计算出所有物理节点的映射度，并将物理节点根据计算结果从大到小进行排序，图 8-1 中的网络场景计算出物理节点映射度计算过程见式（8-8）。

$$\begin{cases} E_{\mathrm{A}} = 0.5 \times 18.526 + 0.5 \times 13.915 = 16.22 \\ E_{\mathrm{B}} = 0.5 \times 16.798 + 0.5 \times 13.548 = 15.17 \\ E_{\mathrm{C}} = 0.5 \times 14.080 + 0.5 \times 14.994 = 14.54 \end{cases} \tag{8-8}$$

2. 虚拟节点资源请求度评估

针对虚拟节点的映射度，将虚拟节点相邻链路请求的带宽资源作为主要考虑因素。例如，对于一个虚拟节点 n_{vi}，假设其节点度为 D，即有 D 条虚拟链路连接到该虚拟节点，如果 D 条链路请求的带宽分别为 $b_{v1}, b_{v2}, \cdots, b_{vD}$，则虚拟节点 n_{vi} 的资源请求度为

$$E_{V1} = \frac{b_{v1} + b_{v2} + \cdots + b_{vD}}{D} \tag{8-9}$$

利用式（8-9）可以计算出所有虚拟节点的资源请求度见式（8-10），并依次将虚拟节点按照从大到小的顺序排序。

$$\begin{cases} E_{v1} = \dfrac{48}{1} = 48 \\[2mm] E_{v2} = \dfrac{48 + 35}{2} = 41.5 \\[2mm] E_{v3} = \dfrac{35}{1} = 35 \end{cases} \tag{8-10}$$

8.2.2 立即提供资源业务的虚拟光网络映射算法

1. 虚拟节点向物理节点的映射算法

经过物理节点和虚拟节点的映射度评估及排序后，此时获得了物理节点依据映射度从大到小排序的序列，以及虚拟节点依据资源请求度由大到小的序列。假设排序后的物理节点序列为 $\mathrm{ArrayPhy}[p_1, p_2, \cdots, p_n]$，其中 n 表示物理节点的个数，排序后的虚拟节点序列为 $\mathrm{ArrayVir}[v_1, v_2, \cdots, v_m]$，其中 m 为虚拟节点的个数。

最后将虚拟节点按队列依次映射到物理节点，在一一映射的过程中，需要物理节点剩余的计算资源大于虚拟节点请求的计算资源，如对 v_1 向物理节点进行映射时，首先检查 p_1 剩余的计算资源是否大于 v_1 请求的计算资源，如果满足条件，则将 v_1 映射到物理节点 p_1 上；如果不满足条件，则跳过 p_1 检查 p_2 是否满足条件，如果满足则将 v_1 映射到 p_2 上，以此类推。具体节点映射算法见算法 8-1。

算法 8-1 IR-VON 节点映射算法

输入 底层物理网络 G_s，一个 VON 请求 G_v

输出 节点映射 N_E

1. 利用式（8-7）计算 G_s 中所有物理节点 V_s，式（8-8）计算 G_v 中所有虚拟节点 V_v；

2. 将所有 V_s 与 V_v 的数值按照降序排列，得到 $\mathrm{ArrayPhy}[p_1, p_2, \cdots, p_n]$ 和 $\mathrm{ArrayVir}[v_1, v_2, \cdots, v_m]$；

3. 根据排序的顺序，将每一个虚拟节点 V_v 映射到物理节点 V_s 上；

4. 如果虚拟节点计算资源无法被满足；

5. 　阻塞请求 G_v；

6. 否则，

7. 　将虚拟节点 V_v 映射到物理节点 V_s 上；

8. 算法结束。

以下将介绍 IR-VON 映射算法在 NSF 网络拓扑（如图 8-3 所示）中的性能表现。在该拓扑中，每根光纤有 7 根纤芯，且每根纤芯有 320 个频谱隙，每个频谱隙的带宽为 12.5 GHz。更详细的光纤参数见表 8-1。

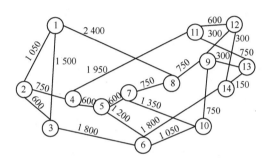

图 8-3　NSF 网络拓扑

对于 IR-VON，虚拟节点的数量均匀分部在 2～4 之间，每一对虚拟节点之间以 50% 的概率相连接。另外虚拟链路带宽请求均匀分布于 1～125 Gbit/s，每个虚拟节点的计算资源请求均匀分布于 1～10 个单位。10 000 个 IR-VON 请求到达服从泊松分布，业务请求持续时间服从负指数分布。最后，每个业务部署在光通道上时需引入 1 个频谱隙的保护带宽。

表 8-1　参数值设定

参数	值	参数	值
纤芯数量	7	传播常数 β	4×10^6 rad/m
C 波段总带宽	4 THz	耦合系数 k	4×10^{-4}
一根纤芯拥有的频谱隙数量	320	核心间距 w_{th}	4×10^{-5} m
弯曲半径 r	0.05 m		

由于节点计算容量和光收发机光电转换容量性能的设置对物理网络的资源利用率有直接影响，如果节点的容量太小，则虚拟网络会由于节点的资源不足，在节点映射阶段就失败，无法进一步的利用链路资源。为了评估所提算法的整体优势，将节点的容量设置为一个较大的值以观察链路资源利用率。

　　首先评估在节点映射阶段提出的收发机映射度和相邻链路映射度两个过程的影响程度，如图 8-4～图 8-6 所示。图 8-4 和图 8-6 描述了在 $\alpha=0.5$、$\beta=0.5$，$\alpha=1$、$\beta=0$ 和 $\alpha=0$、$\beta=1$ 这 3 种情况下频谱资源利用率和 IR-VON 映射的阻塞率。图 8-5 描述了在这 3 种情况下 14 个物理节点对应光收发机的平均频谱资源利用率。

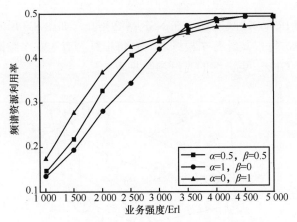

图 8-4　频谱资源利用率随业务强度的变化

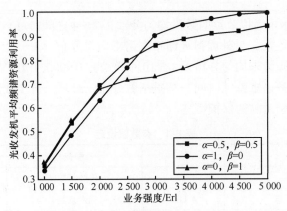

图 8-5　光收发机平均频谱资源利用率随业务强度的变化

　　从图 8-4 可以看出，在业务强度比较小时（小于 3 000 Erl），调整 α 和 β 的值对频谱资源利用率有较为明显的影响，这种现象可以通过图 8-5 中的光收发机平均频谱利用率进行解释。从图 8-5 可以看出，在业务强度较小时（小于 3 000 Erl），IR-VON 映射不太可能会因为收发机的资源不足而导致映射失败。因此在进行节点映射时如果相邻链路的资源状态能够得到更多考虑和权衡，将有利于进一步提高链路的频谱资源利用率。然而，在业务强度大于 3 500 Erl 以后，由于收发机资源的不足而导致 IR-VON 映射失败的概率会大幅提升，此时即使考虑到收发机的影响因素，资源利用率也得不到大幅度提高。

如图 8-6 所示，当业务强度较小（小于 2 000 Erl）时，由于网络资源比较充足，IR-VON 请求基本能够映射成功。当业务强度大于 2 000 Erl 时，随着网络资源的消耗，IR-VON 映射阻塞率会随之增加。基于以上分析，可以看出随着业务强度的增加，光收发机资源富余量也会逐渐减少，因此，此时引入收发机映射度评估将能有效降低 IR-VON 映射的阻塞率。

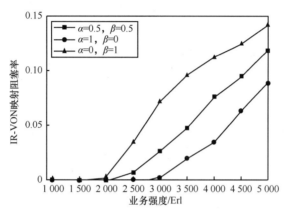

图 8-6　IR-VON 映射阻塞率随业务强度的变化

图 8-7 展示了在不同调节比重下各个物理节点收发机最大利用率，图中可以看出在 $\alpha=1$，$\beta=0$ 时各个物理节点的最大利用率相对平均，随着相邻链路影响比重的提升（β 值变大），各个物理节点的最大利用率差距增加。因为在考虑了相邻链路评估情况下，一个物理节点的节点度对于 E_l 的计算结果有直接影响。物理节点的节点度越大，其拥有的链路资源就越多，基于相邻链路映射度评估的相应 E_l 值也会越大，这样的物理节点越容易被选择。当相邻链路映射度的影响力组件变小（β 值变小）后，节点度较大的物理节点被选择的优势逐渐减弱，不同节点的最大利用率则逐渐趋于稳定。

2. 基于距离自适应的虚拟链路映射方案

完成节点映射过程后，如果两个虚拟节点之间存在虚拟链路，则需要在这两个虚拟节点映射到的物理节点之间建立物理链路，这个过程被称为链路映射过程。在这个过程中，采用距离自适应的方法根据距离的长度来选取最合适的传输模式，从而提升虚拟网络映射的成功率。

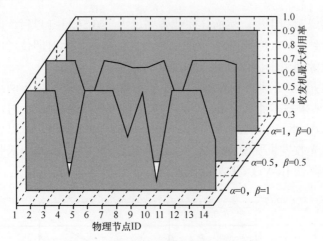

图 8-7　节点对应光收发机最大利用率

（1）距离自适应

距离自适应频谱资源分配仅将必要的最小频谱资源自适应地分配给光路。所分配的频谱需满足端到端物理条件，同时保证恒定的数据速率。目标是更好地利用网络频谱资源，在现有频谱约束条件下最大限度地增加光路的数量。在距离自适应频谱分配系统中，ITU-T 频谱栅格已经不能有效地指定灵活的、可扩展的频谱资源分配。从实际应用的角度出发，将光纤中的频谱资源量化为一个合适的单元，该单元被称为频谱隙。假设频谱隙宽度为 12.5 GHz，则 37.5 GHz、50 GHz 和 62.5 GHz 光谱分别对应于 3 个、4 个和 5 个频谱隙。

对于相同的数据速率，16QAM 每符号携带的比特数是 QPSK 的两倍，因而只需一半的符号速率和频谱带宽。类似地，64QAM 携带的比特数是 QPSK 每个符号的 3 倍，且只需 1/3 的频谱带宽。因此，可以通过降低符号速率和增加每个符号的比特数来传输相同的数据速率，从而节省频谱带宽。具有恒定数据速率的频谱宽度可调的实现可以采用单载波或多载波方法。在单载波调制方法中，降低符号速率以获得更窄的频谱宽度，同时增加每个符号的比特数以保持数据速率恒定。相反，在多载波方法中，改变具有均匀符号率和每符号比特的子载波的数量以调整频谱带宽。现拟采用的 4 种调制格式及其参数见表 8-2。可以通过式（8-11）计算带宽请求 b_{vi} 的业务请求所需要的连续可用的频谱隙数量，其中 C_m 是调制格式 m 的子载波容量，运算符 "$\lceil\ \rceil$" 表示向上取整。

$$S(b_{vi}) = \left\lceil \frac{b_{vi}}{C_m} \right\rceil \tag{8-11}$$

高阶调制比低阶调制占用更少的频谱隙数量，这有利于节约频谱资源。对于距离较远、噪声较大的情况，可以选取低阶的调制格式以获得更好的噪声容忍度；

而对于距离较近、噪声较小的情况，可选取符号间距更小的高阶调制格式，以获得更高的频谱效率。因此，不同的调制格式对空分复用弹性光网络中的芯间串扰具有不同的容忍度，不同调制格式的容忍阈值见表 8-2。

表 8-2 光路调制格式相关参数

调制格式	子载波容量/(Gbit·s⁻¹)	传输距离/km	串扰阈值/dB	b_{vi} 所需连续频谱
BPSK	12.5	4 800	−14	$b_{vi}/12.5$
QPSK	25	2 400	−18.5	$b_{vi}/25$
8QAM	37.5	1 200	−21	$b_{vi}/37.5$
16QAM	50	600	−25	$b_{vi}/50$

以下用一个案例来描述距离自适应实施过程如图 8-8 所示。当有两个虚拟节点分别映射到了图中的节点 A 和节点 D 后，假设这两个虚拟节点之间请求的带宽为 100 Gbit/s，则物理节点 A 和节点 D 之间需要建立 100 Gbit/s 的物理链路。每一条候选路径所需要总的频谱隙数量具体计算过程见表 8-3。

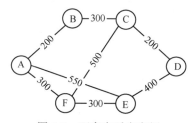

图 8-8 距离自适应案例

表 8-3 中节点 A 和节点 D 之间的可达路径有 5 条。第一条路径 A-B-C-D 的距离长度为 700 km，由表 8-3 可知 700 km 适配的调制格式为 8QAM。由式(8-11)可以计算出带宽为 100 Gbit/s 的业务用 8QAM 调制格式需要的连续频谱隙数量为 3。因此这条路径上的 3 条链路一共需要 9 个频谱隙。最终的计算结果显示，在所有的路径方案中，尽管第 5 条路径 A-E-D 不是最短径，但它消耗的频谱资源却最少。

表 8-3 距离自适应频谱隙计算过程

路径	路径长度/km	调制格式	需要占用的频谱隙数量
A-B-C-D	700	8QAM	$3\times3=9$
A-F-E-D	1 000	8QAM	$3\times3=9$
A-F-C-D	1 000	8QAM	$3\times3=9$
A-B-C-F-E-D	1 700	QPSK	$4\times5=20$
A-E-D	950	8QAM	$3\times2=6$

（2）链路映射策略

对于每一个映射完成的节点对，若其间需要建立连接，首先用 KSP 算法找到 K 条最短路径，然后根据每一条候选路径的距离选择匹配的调制格式，随后根据链路需求的带宽计算出该路径需要的总频谱隙数量。此时，将这 K 条候选路径依据总体需要占用的频谱隙数量从小到大排序，然后可以选择第一条路径（占用频谱最少）尝试进行资源分配，若第一条路径资源分配成功，则虚拟链路映射成功；若分配失败，则分配第二条候选路径，以此类推。如果所有的候选路径均分配失败，则虚拟链路映射失败。

在资源分配的过程中光层的连接采用 7 芯光纤，因此在光层的路由频谱分配过程中必须考虑纤芯之间的串扰因素。距离自适应方法采用了不同的调制格式，且每一种调制格式对串扰有不同的容忍阈值，因此需要确保待分配的每一个频谱隙上的串扰值均小于当前调制格式下的阈值。对于以六边形排列的低耦合 7 芯光纤，每根纤芯的串扰都可以用式（8-12）计算。

$$\mathrm{XT} = \frac{n - n \times \exp\left[-(n+1)2\dfrac{2k^2r}{\beta w_{\mathrm{th}}}L\right]}{1 + n \times \exp\left[-(n+1)2\dfrac{2k^2r}{\beta w_{\mathrm{th}}}L\right]} \tag{8-12}$$

其中，n 表示相邻纤芯的数量，L 表示光纤的长度。中心纤芯 n 为 6 而周围纤芯 n 为 3。k、r、β、w_{th} 是光纤参数，分别表示耦合系数、弯曲半径、传播常数和纤芯间距。此外，在选择纤芯的过程中，中间纤芯具有最低的优先级，因为中间纤芯的频谱资源被分配后会对周围的 6 根纤芯有较大的串扰影响。为了使分配的频谱更加紧凑，也为后续待分配的业务留下更多的频谱空间，采用 FF 基准算法来选择恰好匹配于虚拟链路请求的频谱隙。

只有在节点映射和链路映射都成功的情况下，虚拟网络映射才算成功，此时根据最新的资源部署情况更新相应的物理节点及频谱状态。基于距离自适应的虚拟网络映射（Distance Adaptive Virtual Network Embedding，DAVNE）算法见算法 8-2。

算法 8-2　DAVNE 算法

输入　底层物理网络 G_s，一个 VON 请求 G_v，映射的节点 N_E

输出　链路映射 L_E

1. 对每一对映射的节点 N_E；

2. 利用 KSP 算法计算出 K 条占用频谱资源最少的路径，并按所需频谱资源量升序排列；

3. 依队列在路径上采用 FF 基准算法分配频谱隙，并要求满足串扰小于阈值；

4. 如果 K 条备选路径均无法找到满足条件的频谱，

5. 将虚拟请求 G_v 标记为阻塞；

6. 否则，

7. 将虚拟链路 l_{vi} 映射到满足条件的物理路径上；

8. 结束循环；

9. 算法结束。

基于节点映射中的仿真条件，针对距离自适应策略及调节因子矩阵影响力进行仿真评估，图 8-9 描述了 DAVNE 中提出的距离自适应策略及调节因子矩阵（式（8-4））对算法整体的作用。图 8-9 比较了在 3 种情况下 IR-VON 映射的阻塞率，分别为 DAVNE 算法、DAVNE 算法在链路映射过程中去除距离自适应处理过程（no_DAVNE）、DAVNE 算法在节点映射过程中去除调节因子矩阵处理（no_AF_DAVNE）。图 8-9 明显地展示出 DAVNE 算法具有最小的映射阻塞率，no_AF_DAVNE 的映射阻塞率稍有提升，而 no_DAVNE 的映射阻塞率大幅增加。由此可知，距离自适应对算法整体的贡献较大，调节因子矩阵对算法整体贡献相对较小但是在业务强度较大时仍然起到了降低虚拟网络映射阻塞率的作用。

在网络资源总量不变的情况下，距离自适应可以极大地提高 IR-VON 映射的成功率，同样的资源可以服务更多的 IR-VON，从而大大提高网络资源的利用率。从图 8-9 可以看出，在使用距离自适应策略的情况下，节约了大量的链路资源，并且在业务强度大于 1 000 Erl 时就有了较为明显的效益。

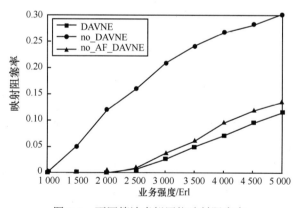

图 8-9　不同算法虚拟网络映射阻塞率

图 8-10 描述了不同算法条件下物理节点收发机平均频谱资源利用率。从图 8-10 可以看出，在业务强度较小时，由于频谱资源相对充足，3 种算法的节点利用率差异较小，随着业务强度的增加，3 种算法的节点利用率差距也逐渐加大。因为距离自适应调制增加了链路频谱资源的利用率，由于节点的频谱资源相对充

足，在相邻链路上可以部署的虚拟链路增加，节点的频谱资源利用率自然也会得到提高。

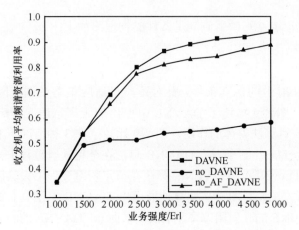

图 8-10 不同算法 14 个节点收发机平均频谱资源利用率

本小节主要针对 IR-VON 业务，解决了多维复用光网络的映射问题，介绍了基于距离自适应的光网络映射算法。目前数据中心应用，如数据备份与数据迁移等资源预置业务被广泛应用，AR-VON 业务的出现给多维复用光网络的虚拟化技术提出了更高的要求，后面将针对 AR-VON 业务来详细讲述相应的虚拟映射算法。

🔍 8.3 面向预置资源业务的多维复用光网络映射技术

预置资源（AR）业务，如数据备份、虚拟数据迁移等，是指为某网络业务提前预约网络资源，而不必在业务到达时，立刻提供服务。不同于 IR-VON 的网络资源分配仅仅需要考虑频域资源，这里还需要考虑时域资源。而如何在资源分配过程中，对时域及频域资源进行协同分配，将是一个需要重点探讨的难题。在多维复用光网络映射的基础之上，本小节面向预置资源业务，将对 AR-VON 的特点、模型及相应的映射算法进行详细阐述。

8.3.1 预置资源业务的虚拟光网络模型

由于传统的流量需求可以被分为预置资源业务和立即提供资源业务，将虚拟光网络业务依据时间需求分为 IR-VON 和 AR-VON 两类。IR-VON 业务需要立刻被提供服务，且在持续时间后，业务被拆除。而 AR-VON 业务将在未来的开始时间后提供服务，且也告知网络管理者业务持续时间。针对 AR-VON 业务，网络频谱资源及时间资源能够被提前规划并预约，但是直到开始时间业务才能被提供服务。随着潜在的 AR-VON 业务的大规模应用，如网格计算、数据迁移及提前规划的数据备份，AR-VON 业务将越来越重要。然而，业务被提前规划，很容易产生时间碎片，这会严重影响虚拟网映射的成功率。因此如何在动态虚拟光网络映射过程中考虑到时间及频谱碎片变得极其重要。

多维复用光网络可被建模为直接互联图 $G_s = (L_s, N_s, R_{st})$，其中，L_s 是指光纤链路集合，N_s 是指光网络节点集合，R_{st} 是指在 t 时刻，物理光网络链路及节点到资源状况。R_{st} 是指物理光纤链路的资源，即在 t 时刻，光纤链路频谱资源的状况。

IR-VON 业务需要被立刻提供服务，被表示为 $G_V = (L_v, N_v, R_{v\_h}, C_{v\_cd})$，其中，$L_v$ 是指虚拟光链路集合，N_v 是指虚拟光节点集合，R_{v_h} 是指在持续时间 h 中，业务所需要的频谱槽个数。假设每一个虚拟节点都有物理距离约束，即每一个虚拟节点都有其备选物理节点集合。C_{v_cd} 是指基于虚拟节点的物理位置，其备选物理节点集合。C_{v_c} 是指每一个虚拟节点中用于选出备选物理节点集合的中心节点。在中心节点半径范围 d 内的物理节点被选为虚拟节点的备选节点。$G_V = (L_v, N_v, R_{v\_bh}, C_{v\_cd})$ 是 AR-VON 业务，L_v 是指虚拟链路集合，N_v 是指虚拟节点集合，R_{v_bh} 是指虚拟链路从开始时间 b 持续 h 时间所需要的频谱资源槽个数。

图 8-11 所示为不同类型的虚拟光网络业务映射：AR-VON 及 IR-VON。对于 AR-VON，可以看到其持续时间为 2 个时间槽，并且所有的虚拟链路具有相同的持续时间，每条虚拟链路所需要的频谱槽数量分别为 3 个、1 个和 2 个。针对 IR-VON 业务，其持续时间为 4 个时间槽。可以看到图 8-11 中从两个 VON 请求到两个虚拟链路被映射到同一物理链路上，灰色的频谱块是指被 IR-VON 虚拟链路占用的资源块，频谱槽从 s_2 到 s_3，持续时间从 t_1 到 t_2 的白色资源块是指被 AR-VON 中虚拟链路占用的资源块。

8.3.2　预置资源业务的虚拟光网络映射算法

预置资源业务的虚拟光网络映射算法[37]，包含两个阶段。阶段 1 包括节点映射和链路映射两部分，在考虑资源碎片的情况下，节点映射部分介绍两种算法，即二维碎片感知（Two Dimensional Fragmentation Aware，TDFA）算法及资源碎片与一致性感知（Fragmentation and Continuity Aware，FCA）算法，两种算法在链路映射部分一致，目的是将每一个虚拟网络业务映射到物理网络上；如果底层物理网络没有充足的频谱资源，则进入阶段 2，即重配置阶段，该阶段将重新分配已经规划的 VON 业务（没有被提供服务的），并把被阻塞的业务分配到可用资源块。

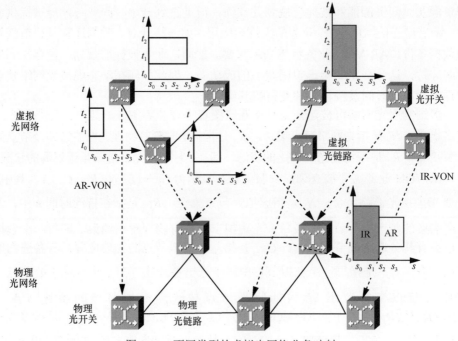

图 8-11　不同类型的虚拟光网络业务映射

1. 阶段 1

以下首先介绍阶段 1 的内容，该阶段包括节点映射和链路映射两个部分。

（1）节点映射

在节点映射中，试图把每个虚拟节点映射到周围链路可用资源最多的物理节点上。如前文建模中所提，每一个虚拟节点 N_v 都有一个物理网络中的中心点 C_{v_c}，并且有一个虚拟节点可以被映射的备选物理节点集合 C_{v_cd}，中心节点 C_{v_c} 也被包含在备选物理节点集合 C_{v_cd} 中。基于二维资源整型度量方法，将备选物理节点如下排序。

$$\text{Rank}(m) = \sum_{l \in \text{adj\_link}(m)} A_{\text{cut}}^{l} \qquad (8\text{-}13)$$

其中，m 是指备选节点集合 C_{v_cd} 中的备选节点，l 是指节点 m 的相邻链路，A_{cut}^{l} 是指链路 l 的二维资源规整度值，其可以反映链路的二维资源状况。

然后计算出所有的备选节点的 $\text{Rank}(m)$ 数值。$\text{Rank}(m)$ 最大的物理节点将被选为虚拟节点的映射节点。所有的虚拟节点都将以这种方式映射到物理节点上。图 8-12 展示了 TDFA 算法。链路上的数值为这条链路的二维资源规整度值 A_{cut}。可以看出节点 m_2 的资源规整度 160 比节点 m_1 的资源规整度 70 数值大，这就意味着节点 m_2 周围链路的资源状况要优于节点 m_1 周围链路的资源状况。换句话说，m_2 周围链路的资源连续性更高，可以使得 VON 请求成功地映射到底层物理网络上。

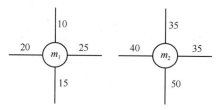

图 8-12　TDFA 算法

　　然而，由于每个虚拟节点的备选物理节点有一些重叠节点，将可能出现的两个虚拟节点映射到同一物理节点的情况。在这种情况下，如果这个物理节点是其中一个虚拟节点的中心映射点，就使其作为这个虚拟节点映射点。否则，选择其中心节点与这个物理节点更近的虚拟节点映射在这个重叠节点上。TDFA 算法的详细步骤见算法 8-3。

算法 8-3　TDFA 算法

输入　底层物理网络 G_s，一个 AR-VON/IR-VON 业务请求 G_v

输出　节点映射 N_M

1. 利用式（8-13）计算每一个 N_v 中备选节点集合 C_{v_cd} 中数值 Rank(N_s)；

2. 对 Rank(N_s) 按照降序排序；

3. 将每一个 N_v 映射到值最大的 N_s 上；

4. 　针对每一个被映射的物理节点 N_s；

5. 　　如果一个物理节点 N_s 被两个虚拟节点 N_v 映射，

6. 　　则将 C_{v_c} 更接近 N_s 的虚拟节点映射上；

7. 　　删除被映射的 N_s；

8. 　　将另一个 N_v 映射到值最大的 N_s 上；

9. 　　结束循环；

10. 结束循环。

　　尽管虚拟节点可被映射到物理节点上，然而有时候无法成功映射虚拟链路。这是由于尽管被映射的物理节点周围链路有充足的资源，但是相邻链路与远距离链路之间满足频谱一致性的资源不够充分，远距离链路指的是被映射物理节点相邻链路的相邻链路。为了解决这个问题，将考虑每一个物理链路周围的路径状态，而不仅仅是相邻链路。如图 8-13 所示，TDFA 算法仅仅考虑了节点 A 周围链路的状态，而 FCA 算法则考虑了路径 ACD 及路径 ABD 的资源状态。节点 m 的排序为

$$\text{Rank}(m) = \sum_{l \in \text{adj}_{\text{link}}(m), l' \in \text{adj}_{\text{link}}(m_{\text{adj}})} \left[A_{\text{cut}}^{l \to l'} \Big/ \text{Deg}(m_{\text{adj}}) \right] \qquad (8\text{-}14)$$

其中，m_{adj} 是指备选节点 m 的相邻节点，$\text{Deg}(m_{\text{adj}})$ 是指节点 m_{adj} 的节点度，即相邻的节点个数，l' 是远距离链路或相邻节点 m_{adj} 的相邻链路，$A_{\text{cut}}^{l \to l'}$ 表示从节点 m 到 m_{adj} 的相邻节点的路径资源状况。

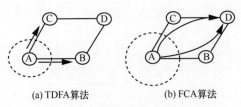

(a) TDFA算法 (b) FCA算法

图 8-13 节点映射算法简单示例

图 8-14 所示为 FCA 算法示例，其中，虚线表示 m_1 或者 m_2 到一个远距离节点的路径。虚线上方的数值表示这条路径的 A_{cut}。可以看出 m_2 周围路径的 A_{cut} 数值是高于 m_1 周围路径的 A_{cut} 数值，这意味着 m_2 周围路径资源状况要优于 m_1 周围资源状况。换句话说，有更大的可能性找到一条从 m_2 到它远距离节点的频谱及时间资源一致的路径。所以节点 m_2 将在节点映射阶段，首先被选中，作为虚拟节点的物理映射节点。与 TDFA 算法中的节点映射相比，FCA 算法提高了链路映射阶段的成功率，这可以降低网络的阻塞率。

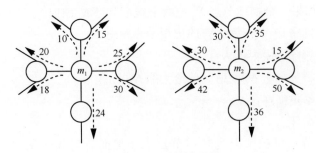

图 8-14 FCA 算法示例

FCA 算法见算法 8-4。

算法 8-4 FCA 算法

输入 底层物理网络 G_s，一个 AR-VON/IR-VON 业务请求 G_V

输出 节点映射 N_M

1. 利用式（8-14）计算每一个 N_v 中备选节点集合 C_{v_cd} 中数值 $\text{Rank}(N_s)$；

2. 对 $\text{Rank}(N_s)$ 按照降序排序；

3. 将每一个 N_v 映射到值最大的 N_s 上；

4. 　针对每一个被映射的物理节点 N_s；

5. 　　如果一个物理节点 N_s 被两个虚拟节点 N_v 映射，

6. 　　　则将 C_{v_c} 更接近 N_s 的虚拟节点映射上；

7. 　　　删除被映射的 N_s；

8. 　　　将另一个 N_v 映射到值最大的 N_s 上；

9. 　　结束循环；

10. 结束循环。

（2）链路映射

针对每一对映射的节点对，利用 K 最短路径算法找到最合适的路径。如果虚拟链路有多条合适的路径，将选取映射后二维资源规整度 A_{cut} 减少最小的路径作为虚拟链路的映射路径。换句话说，在分配资源前，计算整条路径上每一段链路的 A_{cut}^{l}，并对其求和，得到 $\sum_{l\in\text{path}} A_{\text{cut}}^{l-\text{before}}$。然后在链路映射后，计算 $\sum_{l\in\text{path}} A_{\text{cut}}^{l-\text{after}}$。值得注意的是，或许不仅仅有一个时间与频谱资源块可以用来分配虚拟链路，此时资源块中 $\sum_{l\in\text{path}} A_{\text{cut}}^{l-\text{before}} - \sum_{l\in\text{path}} A_{\text{cut}}^{l-\text{after}}$ 差值最小的将被选来进行资源分配。以这种方式，将为虚拟链路分配选取最合适的资源并尽可能减少碎片的产生。具体算法见算法 8-5。

算法 8-5　预置资源虚拟链路映射算法

输入　底层物理网络 G_s，一个 AR-VON/IR-VON 业务 G_V，映射的节点 N_M

输出　链路映射 L_M

1. 针对每一个虚拟链路 L_v，计算 K 条最短路径（$K=3$）；

2. 　如果链路映射失败，

3. 　　则标记 G_V 为被阻塞；

4. 　　跳出；

5. 　针对每一条备选路径；

6. 　针对每一个备选资源块；

7. 　　　计算 $\sum_{l\in\text{path}} A_{\text{cut}}^{l-\text{before}} - \sum_{l\in\text{path}} A_{\text{cut}}^{l-\text{after}}$，并存为 A_{loss}；

8. 　结束循环；

9. 　结束循环；

10. 　选择最小的 A_{loss} 对应的资源块及路径作为路由频谱分配；

11. 结束循环。

2. 阶段 2

接下来介绍阶段 2，即资源重分配阶段。针对被阻塞的 AR-VON 业务，网络无法在其持续时间内提供充足资源。在这种情况下，将考虑移动预分配到网络中但还没有提供服务的 AR-VON 业务，以容纳被阻塞的 VON 业务。这个重新配置的过程可进一步降低网络阻塞率，并提高资源利用率。具体算法见算法 8-6。

算法 8-6 资源重分配算法

输入 底层物理网络 G_s，一个被阻塞的 AR-VON 业务请求 G_V，映射的 N_M

输出 链路映射 L_M

1. 获取 G_V 中被阻塞的虚拟链路；

2. 针对被阻塞的虚拟链路；

3. 找出其映射的物理路径中被阻塞的物理链路；

4.   针对每一个被阻塞的物理链路；

5.   针对在持续时间 h 内预分配的 AR-VON 业务；

6.   如果有可利用资源来分配预分配的 AR-VON 业务，

7.   针对所有的可以利用资源块；

8.   如果释放预分配的 AR-VON 业务，并可以将被阻塞的虚拟链路按照算法 5 进行分配；

9.   移动 AR-VON 业务，并映射被阻塞的虚拟链路；

10.   结束循环；

11.   否则，

12.   阻塞业务；

13:      结束循环；

14:     结束循环；

15: 结束循环。

为了降低算法的复杂性，并改进算法效率，选择释放的 AR-VON 业务必须满足以下条件。

① 被释放的业务必须与被阻塞的业务相互重叠。

② 总的被释放的业务频谱资源要比被阻塞的业务资源需求多。

当应用以上两个条件后，可以降低算法的复杂性，并提高了重分配被阻塞业务的成功率。

3. 预置资源业务的虚拟光网络映射整体算法

以上介绍了预置资源虚拟光网络映射算法的两个核心阶段，接下来将介绍预置资源虚拟光网络的整体算法流程，其详细步骤见算法 8-7。

算法 8-7　TDFA/FCA-VONE 算法

输入　底层物理网络 G_s，一个 AR-VON/IR-VON 业务请求 G_v

输出　G_v 映射状态 F

1. 针对 G_v 中每一个虚拟节点；

2. 　应用算法 8-3/算法 8-4 进行节点映射；

3. 结束循环；

4. 针对 G_v 中每一个对被映射的虚拟节点对；

5. 　应用算法 8-5 进行链路映射；

6. 　如果业务被阻塞，

7. 　　如果它是 AR-VON 业务，

8. 　　　应用算法 8-6；

9. 　　　如果算法可行，

10. 　　　　返回（F=SUCCEEDED）；

11. 　　否则返回（F=FAILED）；

12. 　否则返回（F=SUCCEEDED）；

13. 结束循环。

以下将介绍 TDFA/FCA-VONE 算法在图 8-3 的 14 节点 NSFNET 拓扑上的性能表现。在该拓扑中，每根光纤链路中有 100 个频谱槽，VON 业务请求由相同数量的 AR-VON 及 IR-VON 组成。每一个 VON 请求的虚拟节点个数为 3 个或 4 个，且虚拟节点间的链路以 50%的概率随机相连。每一个虚拟链路的带宽需求均匀地分布于 1~5 个频谱槽之间，每一个链路通道的保护带宽为 1 个频谱槽。假设在二维资源模型中，每一个时间槽的持续时间为 10 min，AR-VON 业务的开始时间均匀地分布在 10~50 个时间槽之间。VON 请求服从到达率为 λ 的泊松分布，且持续时间服从参数为 μ 的负指数分布。性能表现由模拟的 100 000 个业务得到。

为了评估 TDFA 算法与 FCA 算法的性能，本小节改进了文献[38]中的算法，在节点映射阶段，虚拟节点被随机映射到备选节点中，链路映射节点应用 FF 基准算法。图 8-15 对比了提出的 VONE 算法（TDFA 算法和 FCA 算法）与 FF 基准算法的阻塞率性能。从图 8-15 可以看到，TDFA 算法与 FCA 算法性能表现均优于 FF 基准算法，且 FCA 算法性能最好。与 TDFA 算法相比，FCA 算法保证了路径上的资源一致性，可以有效地提高链路映射阶段的成功率。在此也观察到，随着 μ 的增加，算法性能将会得到改善，因为随着业务持续时间的减少，提出的二维资源规整度度量方法将可准确评估网络资源状况，因此能将业务分配到一个更好的位置。

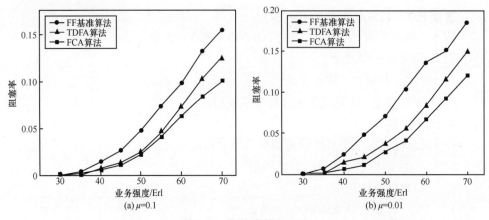

图 8-15　阻塞率性能对比

VONE 算法（TDFA 算法和 FCA 算法）与 FF 基准算法在不同拓扑情况下的频谱资源利用率性能如图 8-16 所示。可以看到 VONE 算法（TDFA 算法和 FCA 算法）性能要优于 FF 基准算法。原因是基于二维资源模型，频谱资源被分割为了更小的频谱资源块，时间与频谱资源可以被高效利用，而且更多的业务可以被分配在底层物理网络上。

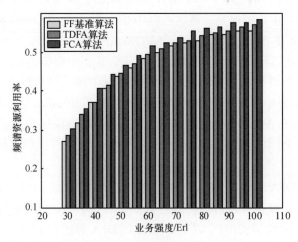

图 8-16　不同拓扑情况下频谱资源利用率性能（μ =0.1）

本小节针对 AR-VON，介绍了面向预置资源业务的多维光网络虚拟化技术。作为未来光网络的核心技术，虚拟化可屏蔽物理网络的复杂关系与限制，向用户提供灵活易于管理的逻辑网络资源。但是由于可能有多个不同的租户共享底层网络中同一物理设备的资源，这样就带来了一些生存性问题，必须在映射策略中考虑生存性机制带来的影响。

8.4　多维复用光网络生存性映射技术

在虚拟化网络中，虚拟网络运营商（Virtual Network Operator，VNO）可以从基础设施提供商（Infrastructure Provider，InP）租用基础设施。VNO 可以将虚拟网络部署在多个不同 InP 硬件上，同时，一个 InP 可以承载来自多个 VNO 的网络。因此，VNO 和 InP 都会有安全需求，因为双方都需要保护各自的资产（即物理的或虚拟的节点和链接）。在这样的环境中，不同的利益相关者各自都有自己的安全要求。VNO 更愿望将其网络部署在能够提供足够安全级别的硬件设备上。另一方面，InP 也希望确保虚拟网络得到适当保护，同时不会对其设备造成严重破坏或资源浪费。因此，考虑生存性的虚拟网络映射算法是很有必要的，以下将从生存性映射角度出发，介绍基于故障规避的虚拟网络映射机制。

8.4.1　网络生存性映射概述

网络生存性是指网络中发生故障或失效之后，网络应能采取必要的措施尽快恢复受影响业务的能力。网络生存性映射是指在虚拟映射中添加故障的规避性部署，使虚拟网络在故障发生后仍然能够正常运行的映射机制。

　　1. 故障的类型和特征

生存性映射处理的是物理网络和虚拟网络中的故障，其中主要面临的挑战是链路故障和节点故障，并且需要在故障发生之前进行备份或在故障发生之后进行恢复。在网络中，可能发生单个故障和多个故障，且单个故障比多个故障同时发生更为常见，链路故障每天发生的次数大约是节点故障的 10 倍，而节点故障通常是由维护引起的。

　　2. 保障生存性的方法

生存性主要涉及两种方法：保护和恢复。保护机制以主动方式完成，以便在发生任何故障之前保留备份资源；恢复机制是在故障发生后作出反应，并启动备份恢复。在业务运行过程中发生故障可能会导致一些数据的丢失，保护方案有两种备份方式：专用备份或共享备份。在共享备份中，用于备份的资源可以与其他业务共享。在专用备份情况下，不会与其他业务共享备份资源。

在多维复用光网络生存性映射中，故障可能是虚拟网络故障，也可能是物理网络故障。针对虚拟网络中的故障，可以通过在相同的物理元素或其他合适的物理元素上重新实例化失败的虚拟网络元素（链路或节点）进行故障修复。针对物理网络中的故障，可细化为基于物理节点故障和基于物理链路故障。对于物理节点故障，必须将映射到该物理节点的一个或多个虚拟节点迁移到其他物理节点上。对于物理链路故障，必须找到不同物理链路上的备份路径，这可以使用基于链路或路径的方法来完成。基于链路的方法意味着每个主链路都由预先配置的旁路路径进行备份；在基于路径的方法中，每个端到端的主路径都由从源节点到目标节点的不相交路径进行备份。

生存性虚拟网络映射的目的是用某种方式处理虚拟的或物理的网络故障，使虚拟网络在故障发生后仍然能够正常运行，且故障本身及修复过程对于虚拟网络的用户应该是透明的。可将虚拟网络图扩展为具有备份节点 N_B 和备份链路 E_B 的网络图 G_B^V（式（8-15）），备份链路 E_B 是备份节点和工作节点之间的链接。在可生存的映射中，一个虚拟网络的不同虚拟节点不应映射到同一物理节点上。因此一个物理节点的故障可能影响若干虚拟节点。对于链路，不同的虚拟链路应该在底层网络中使用不同的路径。

$$G_B^V = (N^V \bigcup N_B, \ E^V \bigcup E_B) \tag{8-15}$$

图 8-17（a）所示为虚拟网络到物理网络的映射（虚线）。七角形表示映射后发生在物理节点和物理链路的故障。部署在故障物理节点上的虚拟节点 a 需要进行重新映射，虚拟节点 b 和 c 映射的物理链路出现链路故障。图 8-17（b）所示为故障发生后虚拟网络需要重新映射到物理网络上，其中虚拟节点迁移到新的物理节点，并为迁移后的物理节点和故障的物理链路重新映射链路。

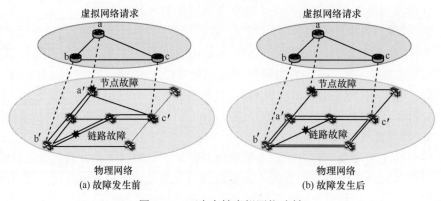

图 8-17　可生存性虚拟网络映射

8.4.2　基于故障规避的虚拟网络映射机制

1. 基于物理节点故障的虚拟网络映射机制

在本章介绍的虚拟网络节点映射机制的基础上，需添加故障节点度量。首先定义节点故障矩阵来表征每个节点是否出现故障，节点故障矩阵为

$$\boldsymbol{v}_{\text{fault}} = [pv_1, pv_2, pv_3, pv_4, \cdots, pv_n], \ (pv_i = 0或1) \tag{8-16}$$

其中，n 为物理节点的个数，若 $pv_i = 1$ 时，表示物理节点 i 正常运行，若 $pv_i = 0$ 时，表示物理节点 i 出现故障。

若物理节点 i 在某一时刻检测到故障发生，则需更新节点故障矩阵，同时需要检测该物理节点是否正在被使用，若该物理节点的资源量不是初始值，则该节点正在被使用，此时需要找出使用该节点的业务，并为该业务重新分配资源；若该故障节点的剩余资源量为初始值，则表示该节点在当前时刻未被使用，则只需对后续到达的虚拟网络请求进行针对该故障节点的规避性部署。具体规避方式为：在进行节点选择时，每计算一个物理节点的映射度，首先遍历故障节点矩阵中是否包含该物理节点，若包含，则将 8.2.1 节中计算出的物理节点整体映射度与当前的节点故障矩阵进行乘法计算，得出的结果则将所有故障物理节点的总体资源映射度置为 0，以保证该节点不可再被选择；若故障节点矩阵中不包含该物理节点，则按照 8.2.1 节中的评估步骤正常计算即可。

节点故障矩阵的使用案例如下所述。若物理节点映射度网络拓扑中有 7 个物理节点，按照 8.2.1 节中的物理节点映射度评估模型计算各节点映射度为 $E_p = [e_{v1}, e_{v2}, e_{v3}, e_{v4}, e_{v5}, e_{v6}, e_{v7}]$，考虑节点故障因素，最后映射度结果见式（8-17）。

$$E = [pv_1 e_{v1}, pv_2 e_{v2}, \cdots, pv_6 e_{v6}, pv_7 e_{v7}] \tag{8-17}$$

计算出该物理节点映射度结果后，后续节点映射及链路映射流程同 8.2.2 节中的映射方案相一致，具体基于物理节点故障的虚拟网络生存性映射机制如图 8-18 所示。为了评估物理网络中的重要节点，依次设置每一个物理节点在相同时间发生故障后对整体映射阻塞率和频谱资源利用率的影响程度。将单一故障节点运行出的映射阻塞率及频谱资源利用率与无故障情况下的映射阻塞率与频谱资源利用率进行对比，两者之间的差距即为该物理节点带来的影响程度，差距越大表示该节点影响力越大，就越重要。设置一个影响力阈值，将影响程度大于该影响力阈值的物理节点设置为重要节点。

基于节点故障的虚拟网络映射性能分析背景及参数设置与 8.2 节中一致。采用相同的 NSF 网络（14 个节点和 21 条链路），只要各节点设置发生故障的时间相同，影响力测试结果就具有一致性，且业务的恢复过程对于重要节点的获取不具备实质性指导作用。因此为了便于直接观察各个节点的影响力度及简化计算过程，可以设置在一开始就产生物理节点故障。

图 8-19 描述了无节点故障、物理节点 3 发生故障、物理节点 6 发生故障、物理节点 9 发生故障 4 种情况下各个节点收发机频谱资源利用率。从图 8-19 可以看出，在物理节点 3 发生故障时，节点 3 的收发机频谱资源利用率为 0，其余节点较无节点故障发生时的收发机频谱资源利用率有一定变化。此外，物理节点 6 和

物理节点 9 分别发生故障时，该节点本身的频谱资源利用率也为 0，由此可以看出，在虚拟网络映射的过程中成功避开了各个物理故障节点。

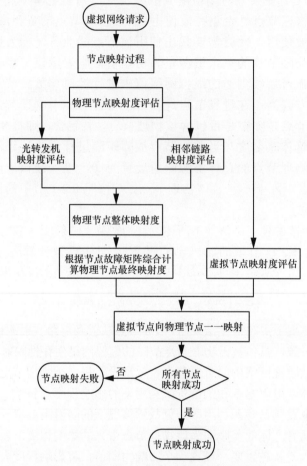

图 8-18 基于节点故障的虚拟网络映射机制

图 8-20 描绘了无节点故障、物理节点 6 发生故障、物理节点 12 发生故障、物理节点 13 发生故障以及物理节点 14 发生故障这 5 种情况下虚拟网络映射的阻塞率变化情况。从图 8-20 中可以看出，在业务强度较小（小于 2 000 Erl）时，5 种情况下的虚拟网络映射阻塞率基本为 0，因为业务请求强度较小时，物理网络资源相对富足，即使某个节点出现了故障，对网络整体的正常工作影响也是微乎其微。随着业务强度逐渐变大，故障节点的影响力度才得以逐步凸显，各物理节点发生故障时影响程度由大到小的排列顺序为：物理节点 6、物理节点 12、物理节点 14、物理节点 13、无节点故障。

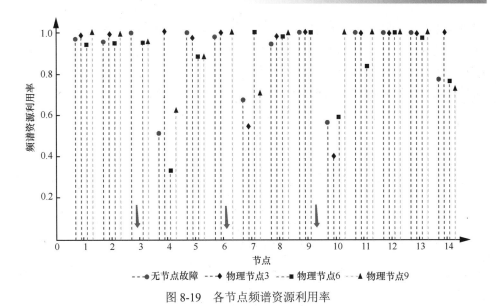

图 8-19   各节点频谱资源利用率

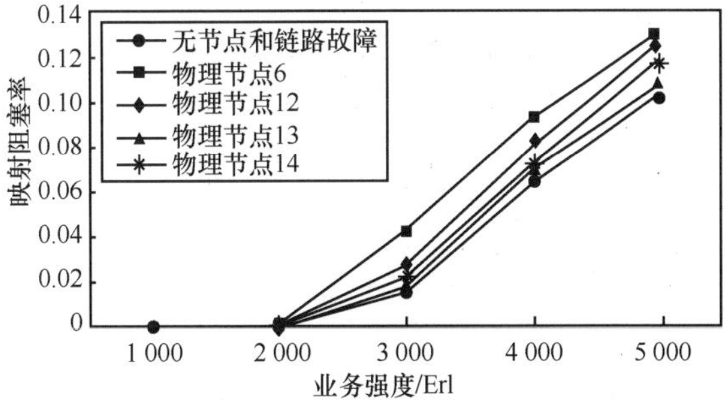

图 8-20   不同物理节点故障条件下虚拟网络映射阻塞率

2. 基于物理链路故障的虚拟网络映射机制

基于物理链路故障的虚拟网络映射机制如图 8-21 所示。其中在对候选路径进行资源分配之前需要判断该路径中是否存在故障链路，若存在则选择下一条候选路径，若不存在则直接尝试进行资源分配。其余流程与 8.2 节中的虚拟链路映射方案一致。此外，在某一链路发生故障后，首先需要找出该链路上已经部署的虚拟网络业务，并对这些遭遇故障的虚拟网络业务进行重新映射部署。同时，将该链路资源设置为不可用资源，以避免后续虚拟连接再次部署到这条故障链路上。

为了评估某条链路的影响力程度，将该链路设置为故障链路后，与同样条件下无故障网络的虚拟映射阻塞率以及频谱资源利用率进行对比，两者的差值即为该链路的影响程度值，由此方式即可产生每一条链路的影响力程度值。设置一个影响力程度阈值，将影响力程度值大于该阈值的链路设置为重要链路，其余链路则设置为普通链路。通常情况下，重要链路承载的业务比普通链路更多，为了提高网络的稳健性，服务提供商可为重要链路配置专用备份链路，这样即可在重要链路发生故障时，将该故障链路上的虚拟网络业务快速转移到专用备份链路中，同时也减少了故障链路上所承载的虚拟网络业务的重分配。

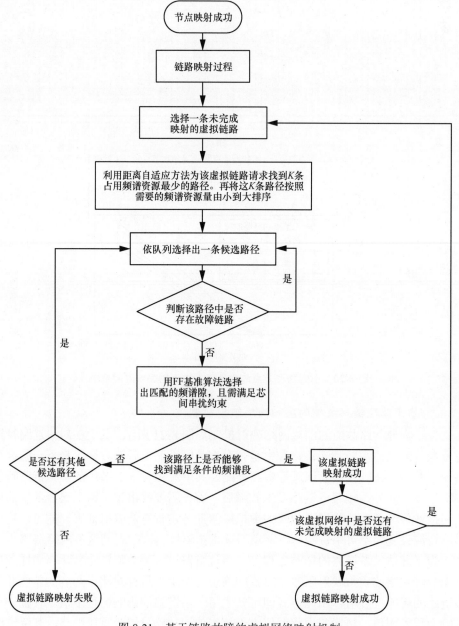

图 8-21　基于链路故障的虚拟网络映射机制

在基于多芯光纤的多维复用光网络中，链路故障可以细化到多芯光纤中某一根纤芯的故障，甚至到某一频谱段发生故障。但是故障点越小，对网络整体带来的影响也越小，为了判断不同链路发生故障时对网络整体进行虚拟网络映射的影响程度，在设置某条链路发生故障时，将该条链路视为完全不能使用，这样就能便于最大化地观察不同链路的影响程度。在 NSF 拓扑中（如图 8-3 所示）以物理节点 1～8、物理节点 4～11、物理节点 7～10、物理节点 8～9，4 条链路分别发生故障时进行链路故障规避的虚拟网络映射部署。图 8-22、图 8-23 分别描绘了无节点发生链路故障、物理节点 1～8 之间发生链路故障、物理节点 4～11 之间发生链路故障、物理节点 7～10 之间发生链路故障、物理节点 8～9 之间发生链路故障这 5 种情况下虚拟网络映射的频谱资源利用率及映射阻塞率。

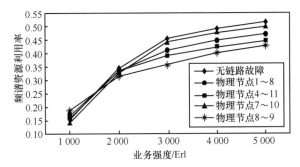

图 8-22　不同链路发生故障时的频谱资源利用率

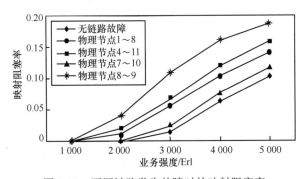

图 8-23　不同链路发生故障时的映射阻塞率

从图 8-22 和图 8-23 中可以看出，资源利用率从大到小的排序为：无链路故障，物理节点 7～10 之间发生链路故障，物理节点 1～8 之间发生链路故障，物理节点 4～11 之间发生链路故障，物理节点 8～9 之间发生链路故障；阻塞率从小到大的排序为：无节点发生链路故障，物理节点 7～10 之间发生链路故障，物理节点 1～8 之间发生链路故障，物理节点 4～11 之间发生链路故障，物理节点 8～9

之间发生链路故障。由此可以得出结论：在所列出的故障链路范围中，物理节点8～9之间发生链路故障对网络整体的影响程度最大，物理节点4～11之间链路发生故障影响程度次之，物理节点7～10之间链路发生故障对网络整体的影响程度最小。

8.5 本章小结

多维复用光网络的出现虽然缓解了巨大的带宽压力，但网络管理者仍然难以根据不同网络应用的特定需求来灵活配置网络。光网络虚拟化及映射技术为上述问题的解决提供了有效途径。本章首先阐述了多维复用光网络的虚拟化问题，然后针对立即提供资源及预置资源两种类型的业务，分别阐述了相应的网络模型和虚拟化映射算法。最后，考虑到虚拟光网络的生存性，本章还介绍了基于故障规避的虚拟网络映射机制。

参 考 文 献

[1] HARSTEAD E, SHARPE R. Forecasting of access network bandwidth demands for aggregated subscribers using Monte Carlo methods[J]. IEEE Communications Magazine, 2015, 3(3): 199-207.

[2] DESURVIRE E. Optical communications in 2025[C]//European Conference on Optical Communication. Piscataway: IEEE Press, 2005: 5-6.

[3] JINNO M, TAKARA H, KOZICKI B. Dynamic optical mesh networks: Drivers, challenges and solutions for the future[C]//European Conference on Optical Communication. Piscataway: IEEE Press, 2009: 1-4.

[4] ZHANG G, LEENHEER M D E, MOREA A, et al. A survey on OFDM-based elastic core optical networking[J]. IEEE Communications Surveys & Tutorials, 2013,15(1): 65-87.

[5] JINNO M, KOZICKI B, TAKARA H, et al. Distance-adaptive spectrum resource allocation in spectrum-sliced elastic optical path network[J]. IEEE Communicaitons Magazine, 2010, 48(8): 138-145.

[6] TAKARA H, TAKARA H, KOZICKI H, et al. Distance-adaptive super-wavelength routing in elastic optical path network (SLICE) with optical OFDM[C]//European Conference on Optical Communication. Piscataway: IEEE Press, 2010: 1-3.

[7] KOZICKI B, TAKARA H, WATANABE A, et al. Distance-adaptive spectrum allocation in slice

considering optical filtering effects[C]//Opto-Electronics and Communications Conference. Piscataway: IEEE Press, 2010: 98-99.

[8]　JINNO M, TAKARA H, KOZICKI B, et al. Spectrum-efficient and scalable elastic optical path network: Architecture, benefits, and enabling technologies[J]. IEEE Communicaitons Magazine, 2009, 47(11): 66-73.

[9]　GERSTEL O, JINNO M, LORD A, et al. Elastic optical networking: A new dawn for the optical layer?[J]. IEEE Communicaitons Magazine, 2012, 50(2): 12-20.

[10]　CHATTERJEE B C, SARMA N, OKI E. Routing and spectrum allocation in elastic optical networks: A tutorial[J]. IEEE Communications Surveys & Tutorials, 2015, 17(3): 1776-1800.

[11]　OKI E, CHATTERJEE B C. Design and control in elastic optical networks: Issues, challenges, and research directions[C]//International Conference on Natural Computation. Piscataway: IEEE Press, 2017: 546-549.

[12]　CHINO M. Adaptive elastic spectrum allocation based on traffic fluctuation estimate under time-varying traffic in flexible OFDM based optical networks[J]. IEICE Transactions on Communications, 2017, 100(6): 962-973.

[13]　JINNO M. Elastic optical networking: Roles and benefits in beyond 100-Gb/s era[J]. Journal of Lightwave Technology, 2017, 35(5): 1116-1124.

[14]　SHIEH W. OFDM for flexible high-speed optical networks[J]. Journal of Lightwave Technology, 2011, 29(10): 1560-1577.

[15]　SHIEH W, BAO H, TANG Y. Coherent optical OFDM: Theory and design[J]. Optics Express, 2008, 16(2): 841-859.

[16]　BEYRANVAND H, SALEHI J A. A quality-of-transmission aware dynamic routing and spectrum assignment scheme for future elastic optical networks[J]. Journal of Lightwave Technology, 2013, 31(18): 3043-3054.

[17]　CHRISTODOULOPOULOS K, TOMKOS I, VARVARIGOS E. Elastic bandwidth allocation in flexible OFDM-based optical networks[J]. Journal of Lightwave Technology, 2011, 29(9): 1354-1366.

[18]　HAIDER A, POTTER R, NAKAO A. Challenges in resource allocation in network virtualization[C]//ITC Specialist Seminar. Piscataway: IEEE Press, 2009: 1-9.

[19]　TOMKOS I, AZODOLMOLKY S, SOLÉ-PARETA J, et al. A tutorial on the flexible optical networking paradigm: State of the art, trends, and research challenges[J]. Proceeding of the IEEE, 2014, 102(9): 1317-1337.

[20]　WANG H X, XIN X, ZHANG J W, et al. Dynamic virtual optical network mapping based on switching capability and spectrum fragmentation in elastic optical networks[C]//2016 21st Opto-Electronics and Communications Conference (OECC) held jointly with 2016 International Conference on Photonics in Switching (PS). Piscataway: IEEE Press, 2016: 1-3.

[21] WANG X, ZHANG Q, KIM I P, et al. Virtual network provisioning over distance-adaptive flexible-grid optical networks[J]. IEEE/OSA Journal of Optical Communications and Networking, 2015, 7(2): A318-A325.

[22] LIN R, WANG S, WANG S, et al. Virtual network embedding in flexi-grid optical networks[C]// IEEE 17th International Conference on Communication Technology. Piscataway: IEEE Press, 2017: 777-782.

[23] CHEN B, ZHANG J, XIE W, et al. Cost-effective survivable virtual optical network mapping in flexible bandwidth optical networks[J]. Journal of Lightwave Technology, 2016, 34(10): 2398-2412.

[24] RAHMAN M R, BOUTABA R. SVNE: Survivable virtual network embedding algorithms for network virtualization[J]. IEEE Transactions on Network and Service Management, 2013, 10(2): 105-118.

[25] CAPONE A, ELIAS J, MARTIGNON F. Models and algorithms for the design of service overlay networks[J]. IEEE Transactions on Networks and Service Management, 2008, 5(3): 143-156.

[26] KHANDAKER F A, XIE W, JUE J P, et al. Survivable virtual optical network mapping in spectrum and modulation format convertible flexible grid optical networks[C]//Optical Fiber Communications Conference and Exhibition. Piscataway: IEEE Press, 2015: 1-3.

[27] WANG Y Y, LI X, GUO B L, et al. Survivable virtual optical network mapping in elastic optical networks with shared backup path protection[C]//Wireless and Optical Communication Conference. Piscataway: IEEE Press, 2016: 1-4.

[28] ROTTONDI C, BOFFI P, MARTELLI P, et al. Optimal resource allocation in distance-adaptive few-modes backbone networks with flexible grid[C]//Asia Communications and Photonics. Piscataway: IEEE Press, 2015: 1-3.

[29] TODE H, HIROTA Y. Routing, spectrum and core assignment for space division multiplexing elastic optical networks[C]//International Telecommunications Network Strategy and Planning Symposium. Piscataway: IEEE Press, 2014: 1-7.

[30] SAKAGUCHI J, AWAJI Y, WADA N. Development of carrier-phase synchronization swapper for space-division multiplexed self-homodyne optical networks[C]//European Conference on Optical Communication. Piscataway: IEEE Press, 2014:1-3.

[31] MUHAMMAD A, ZERVAS G, SIMEONIDOU D, et al. Routing, spectrum and core allocation in flexgrid SDM networks with multi-core fibers[C]//International Conference on Optical Network Design and Modeling. Piscataway: IEEE Press, 2014: 192-197.

[32] MUHAMMAD A, FURDEK M, MONTI P, et al. Dynamic provisioning utilizing redundant modules in elastic optical networks based on architecture on demand nodes[C]//European Conference on Optical Communication. Piscataway: IEEE Press, 2014: 1-3.

[33] FUJII S, HIROTA Y, WATANABE T, et al. Dynamic spectrum and core allocation with spectrum region reducing costs of building modules in AoD nodes[C]//International Telecommunications Network Strategy and Planning Symposium. Piscataway: IEEE Press, 2014: 1-6.

[34] HUANG H B, LI X, GUO B L, et al. Crosstalk-aware virtual network embedding over inter-datacenter optical networks with few-mode fibers[J]. Optical Fiber Technology, 2017, 39: 70-77.

[35] ZHU R, ZHAO Y, YANG H, et al. Dynamic virtual optical network embedding in spectral and spatial domains over elastic optical networks with multicore fibers[J]. Optical Engineering, 2016, 55(8): 1-10.

[36] 程丽洁. 基于空分复用弹性光网络的虚拟网络映射机制研究[D]. 北京: 北京邮电大学, 2019.

[37] 朱睿杰. 多维资源光网络虚拟化技术研究[D]. 北京: 北京邮电大学, 2017.

[38] YE Z, PATEL A, JI P, et al. Survivable virtual infrastructure mapping with dedicated protection in transport software-defined networks[J]. Journal of Optical Communications and Networking, 2015, 7(2): A183-A189.

名词索引